ここは、とある探偵《たんてい》事務所《じむしょ》。
といっても、ふつうの探偵《たんてい》ではなく、
「ある場所《ばしょ》」で起《お》きる事件《じけん》だけを
専門《せんもん》に調査《ちょうさ》しています。

さあ、扉《とびら》を開《あ》けて中《なか》に入《はい》ってみましょう……。

からだ探偵《たんてい》、あらわる！

ようこそ！
わたくし　からだ探偵《たんてい》
と申《もう》します
よろしくな！
こちらは助《じょ》手《しゅ》くんです

助手《じょしゅ》くん

からだ探偵《たんてい》事務所《じむしょ》のアルバイト。口《くち》は悪《わる》いが根《ね》はまじめ。

からだ探偵《たんてい》

体《からだ》の中《なか》で起《お》きる事件《じけん》の解決《かいけつ》に情熱《じょうねつ》を燃《も》やす探偵《たんてい》。

みなさんは、
こんなことで困《こま》った経験《けいけん》は
ありませんか？
たとえば……

・いきなりおならが出《で》る
・朝《あさ》ねむくて起《お》きられない
・覚《おぼ》えていたことをド忘《わす》れする

からだ探偵《たんてい》は、
そんな「体《からだ》の困《こま》った事件《じけん》」を
調査《ちょうさ》してくれる探偵《たんてい》なのです！

からだ探偵事務所《たんていじむしょ》 事件解決《じけんかいけつ》の流《なが》れ

1 調査依頼《ちょうさいらい》を受《う》ける

お気軽《きがる》にご相談《そうだん》ください

2 体《からだ》の中《なか》を調査《ちょうさ》する

潜入調査《せんにゅうちょうさ》が得意《とくい》です

3 事件《じけん》の原因《げんいん》を発見《はっけん》！

わずかな証拠《しょうこ》も見逃《みのが》しません

4 調査結果《ちょうさけっか》を報告《ほうこく》する

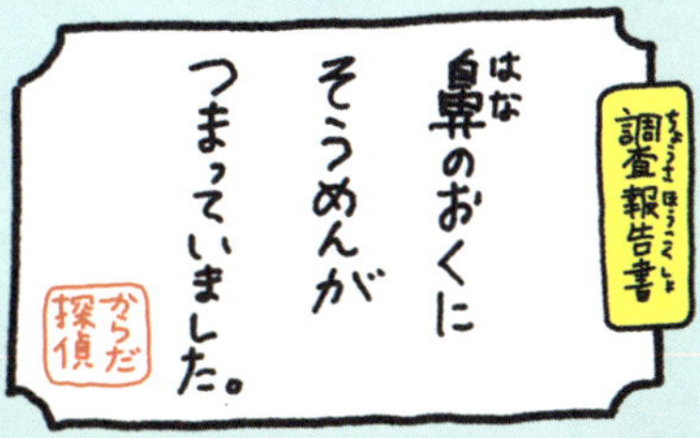

どんな事件《じけん》も解決《かいけつ》します！

体《からだ》の中《なか》は、いつも大忙《おおいそが》し！

でも、自分《じぶん》の体《からだ》なのに、
どうして困《こま》った事件《じけん》が起《お》きるのでしょう？

それはわたしたちの体《からだ》が、つねに働《はたら》いているから。
じつは、ぼーっとしている瞬間《しゅんかん》も、
体《からだ》の中《なか》では、いろいろなことが起《お》きています。
ためしに、ある少年《しょうねん》の体《からだ》の中《なか》をのぞいてみましょう。

ぼ〜っ

まったく
のんきなもんだぜ
やれやれ

体《からだ》のしくみは、とても複雑《ふくざつ》。

脳《のう》や内臓《ないぞう》、筋肉《きんにく》、骨《ほね》など、体《からだ》のあちこちが
同時《どうじ》にたくさんのことを考《かんが》えたり、命令《めいれい》したりしています。

だから、たとえ自分《じぶん》の体《からだ》でも、
100%思《おも》いどおりにはならないのです。

勉強《べんきょう》する？
ゲームする？
のどが
かわいたぞ
もっと
息《いき》すって～
体《からだ》をささえろ
うんこが
できた！

体《からだ》の住人《じゅうにん》の
声《こえ》がしますね

事件《じけん》は毎日《まいにち》、起《お》きている！

昨日《きのう》と同《おな》じ今日《きょう》がないように、
体《からだ》の中《なか》では、毎日《まいにち》ちがう事件《じけん》が起《お》きています。
でも、ご安心《あんしん》を。
どんなふしぎな事件《じけん》でも、
からだ探偵《たんてい》たちがズバリと解決《かいけつ》してくれます。

おっと……。
さっそくたくさんの調査依頼《ちょうさいらい》が
とどいているようです。

さぁ助手《じょしゅ》くん調査開始《ちょうさかいし》ですよ！
その前《まえ》に手《て》を引《ひ》っぱってくれ…

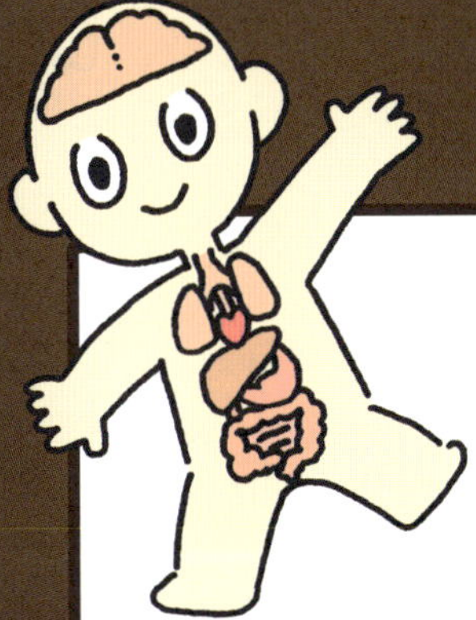

楽《たの》しくわかる！ 体《からだ》のしくみ

からだ事《じ》件《けん》簿《ぼ》

順天堂大学教授
坂井建雄 監修
徳永明子 イラスト
澤田 憲 文

ダイヤモンド社

もくじ

第《だい》1章《しょう》 事件《じけん》は内臓《ないぞう》で起《お》きている！

第《だい》2章《しょう》 事件《じけん》は筋肉《きんにく》・骨《ほね》で起《お》きている！

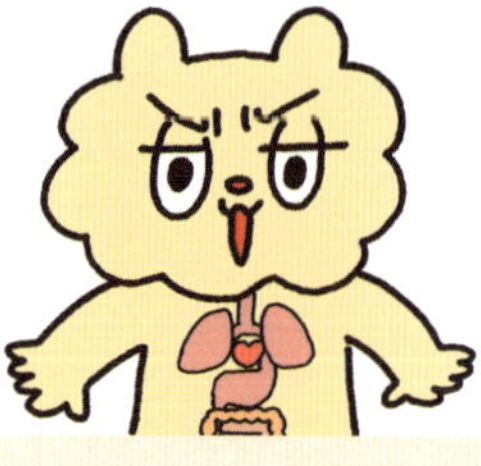

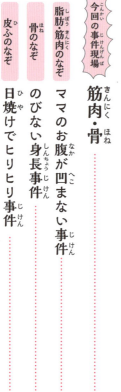

第《だい》3章《しょう》 事件《じけん》は脳《のう》で起《お》きている!

第《だい》4章《しょう》 事件《じけん》は免疫《めんえき》で起《お》きている!

起《お》きている！

第《だい》1章《しょう》

事件《じけん》は内臓《ないぞう》で

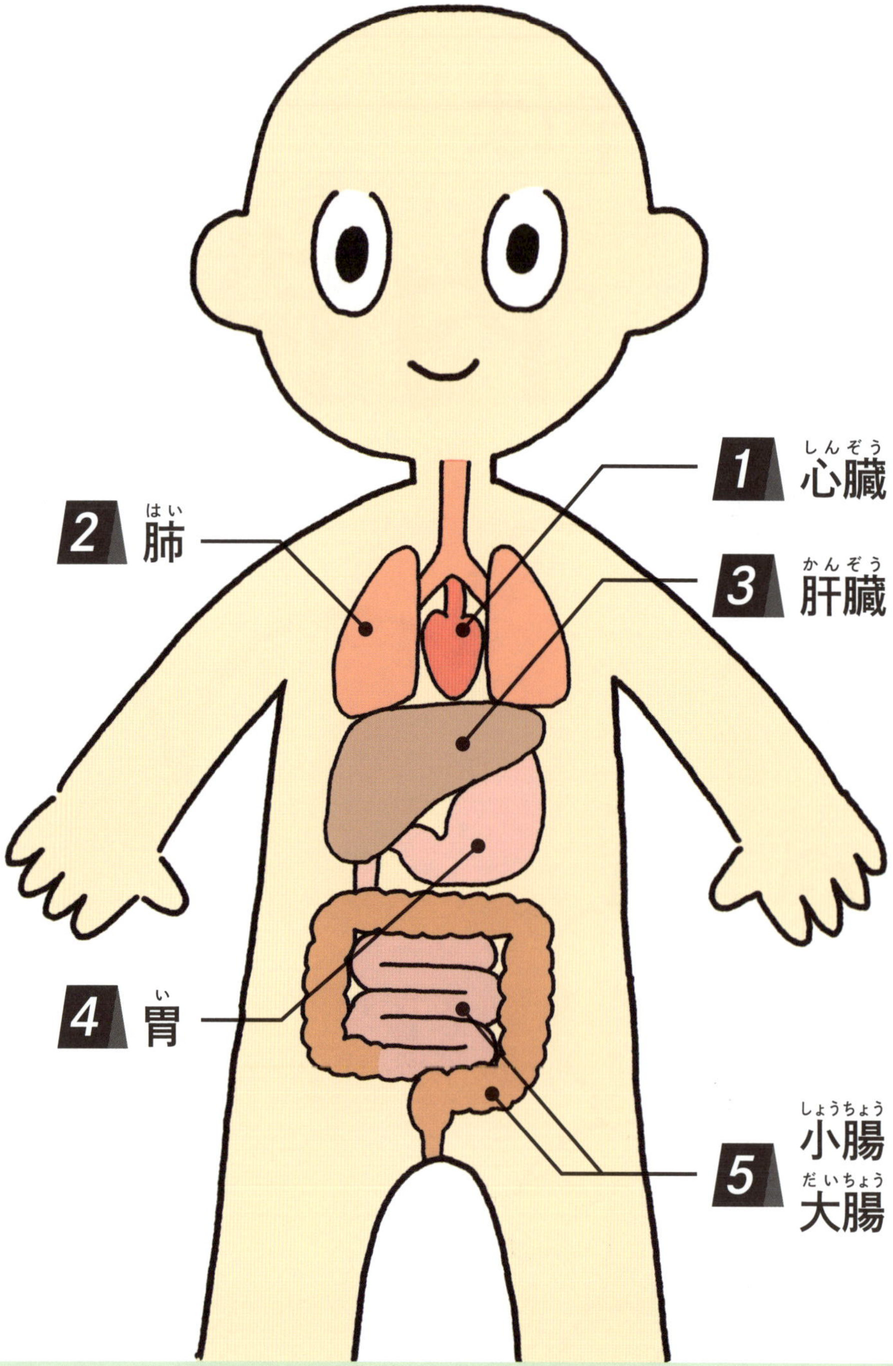
1 心臓《しんぞう》
2 肺《はい》
3 肝臓《かんぞう》
4 胃《い》
5 小腸《しょうちょう》
大腸《だいちょう》

今回《こんかい》の事件現場《じけんげんば》 内臓《ないぞう》

内臓《ないぞう》は、胸《むね》やお腹《なか》の中《なか》にあります。呼吸《こきゅう》したり、食《た》べ物《もの》を消化《しょうか》したりして、体《からだ》を内側《うちがわ》から動《うご》かしているのです。体全体《からだぜんたい》に栄養《えいよう》をとどけるために、内臓《ないぞう》どうし協力《きょうりょく》しあっています。

1 心臓《しんぞう》 → p34〜43

ポンプのように動《うご》いて、栄養《えいよう》や酸素《さんそ》をふくんだ血液《けつえき》を体中《からだじゅう》に送《おく》る。心臓《しんぞう》から送《おく》り出《だ》された血液《けつえき》は、約《やく》１分《ぷん》で全身《ぜんしん》をめぐって、もどってくる。

2 肺《はい》 → p36〜37

息《いき》をすったり、はいたりして、体《からだ》の中《なか》に酸素《さんそ》をとりこむ。１日《にち》ですう空気《くうき》の重《おも》さは、約《やく》20kg にもなる。

3 肝臓《かんぞう》 → p44〜53

食《た》べ物《もの》の栄養《えいよう》を、体《からだ》が使《つか》いやすい形《かたち》につくりかえたり、体《からだ》に害《がい》をあたえる物《ぶっ》質《しつ》から毒《どく》を取《と》りのぞいたりしている。いちばん大《おお》きくて重《おも》い内臓《ないぞう》。

4 胃《い》 → p14〜23

食《た》べ物《もの》を、胃液《いえき》でとかしたり、細《こま》かくしたりする。そうすることで体《からだ》の中《なか》に栄養《えいよう》が吸収《きゅうしゅう》されやすい状態《じょうたい》にしている。とかした食《た》べ物《もの》は、小腸《しょうちょう》に送《おく》る。

5 小腸《しょうちょう》・大腸《だいちょう》→ p24〜33

小腸《しょうちょう》は、胃《い》でとかされた食《た》べ物《もの》の栄養《えいよう》を吸収《きゅうしゅう》する。大腸《だいちょう》は、栄養《えいよう》が吸収《きゅうしゅう》された残《のこ》りカスから、水分《すいぶん》をしぼってかためて、うんこをつくる。

胃《い》のなぞ

お腹《なか》がグーグー鳴《な》りまくる事件《じけん》

お昼前《ひるまえ》になってお腹《なか》がへると、どうしてグーグーと音《おと》が鳴《な》るのでしょうか？

お腹《なか》の音《おと》を止《と》めるいい方法《ほうほう》はありませんか？　この前《まえ》、教室《きょうしつ》がシーンとしているときに鳴《な》ってしまって、はずかしくて死《し》ぬかと思《おも》いました。

「今《いま》は困《こま》る」というときに限《かぎ》って鳴《な》るのですが、何《なに》かのいやがらせでしょうか？　一刻《いっこく》も早《はや》く、音《おと》の正体《しょうたい》をつきとめてください。

斎藤《さいとう》エリカ

エリカのお腹《なか》の中《なか》――
ギシ
口《くち》→胃《い》
ギシ
やっと胃《い》についたか
ハァハァ…
バテているひまはありませんよ！
さっそくお腹《なか》を鳴《な》らす犯人《はんにん》を探《さが》しに行《い》きま……
バシャアッ
な 何《なに》すんだよ急《きゅう》に！
ゴメンなさいね～ブロッコリーとまちがえて胃酸《いさん》かけちゃったわあ
マダム胃液《いえき》
胃《い》の中《なか》に入《はい》ってきた食《た》べ物《もの》を、胃酸《いさん》でびちゃびちゃにぬらして、とかしてしまう。
ジュウウウウ…
とけてるし！
おや…
おお！おかげさまで動《うご》きやすくなりました
うね
うね
うわ～…
あらそう？よかったらあたりをご案内《あんない》するわ～

胃《い》の入口《いぐち》と出口《でぐち》には、それぞれ門《もん》がある。食《た》べ物《もの》が通《とお》るとき以外《いがい》は、しまっている。

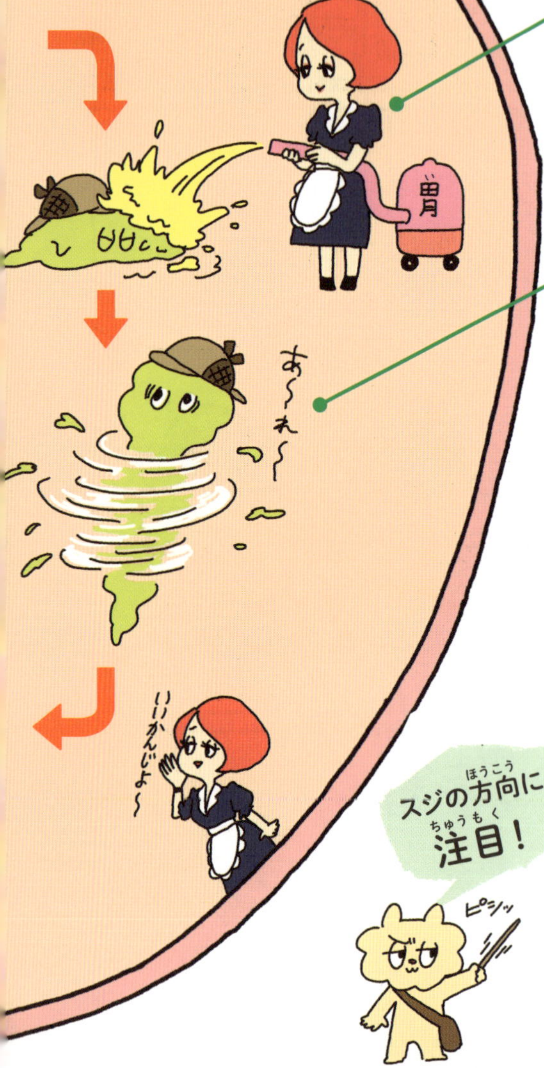

1

食《た》べ物《もの》が胃《い》に入《はい》ると、胃液《いえき》が出《で》る。胃液《いえき》には、食《た》べ物《もの》をとかす以外《いがい》に、殺菌《さっきん》してくさらないようにする働《はたら》きもある。

2

食《た》べ物《もの》が洗濯機《せんたくき》のようにグルグルまぜ合《ま》わせられて、おかゆのような状態《じょうたい》になる。

かべが自在《じざい》に動《うご》く！

胃《い》のかべは、筋肉《きんにく》でできた３枚《まい》のシートが重《かさ》なってできている。それぞれのシートが、たて、横《よこ》、ななめと、ちがう方向《ほうこう》に動《うご》いて、食《た》べ物《もの》と胃液《いえき》をよくまぜ合《あ》わせている。

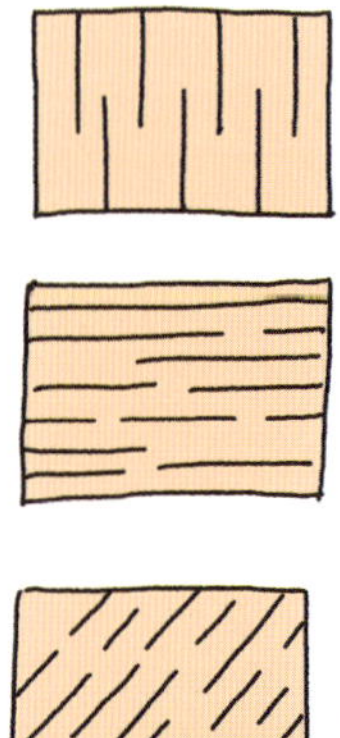

たてに動《うご》く　縦走筋《じゅうそうきん》

横《よこ》に動《うご》く　輪走筋《りんそうきん》

ななめに動《うご》く　斜走筋《しゃそうきん》

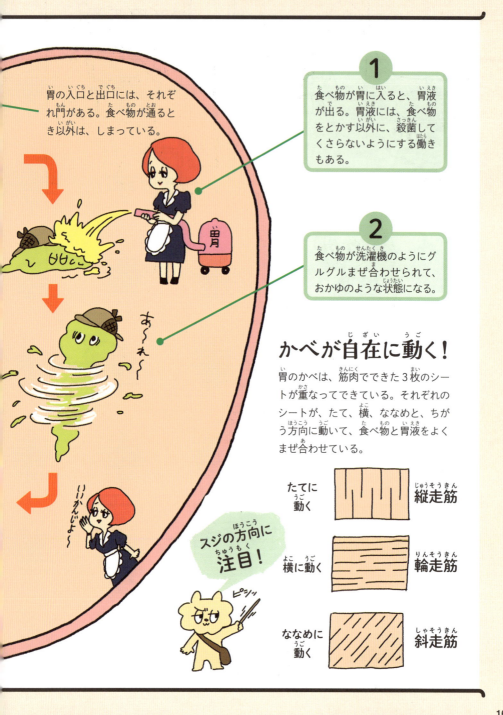

胃《い》のお仕事《しごと》

胃《い》では、食《た》べ物《もの》をとかしたり、細《こま》かくしたりして、体《からだ》が栄養《えいよう》を吸収《きゅうしゅう》しやすいようにしているのよ〜。

30倍《ばい》にふくらむ！

栄養《えいよう》ドリンク1本分《ぽんぶん》　大《おお》きなペットボトル１本分《ぽんぶん》

胃《い》は中身《なかみ》が空《から》のときは約《やく》50㎖なのに、満腹《まんぷく》のときは約《やく》1.5ℓの大《おお》きさまでふくらむ。

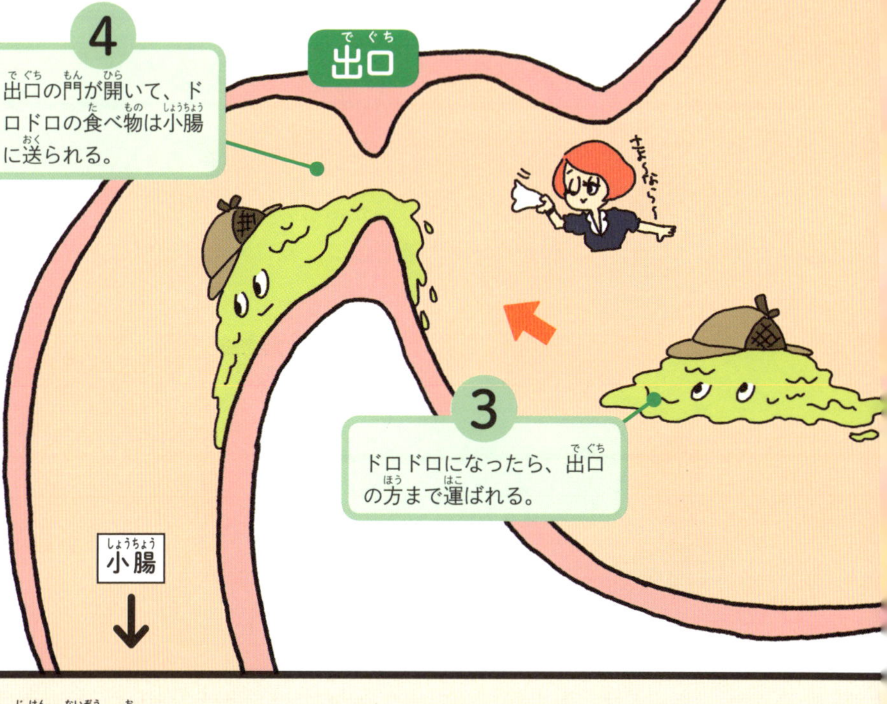

4
出口《でぐち》の門《もん》が開《ひら》いて、ドロドロの食《た》べ物《もの》は小腸《しょうちょう》に送《おく》られる。

3
ドロドロになったら、出口《でぐち》の方《ほう》まで運《はこ》ばれる。

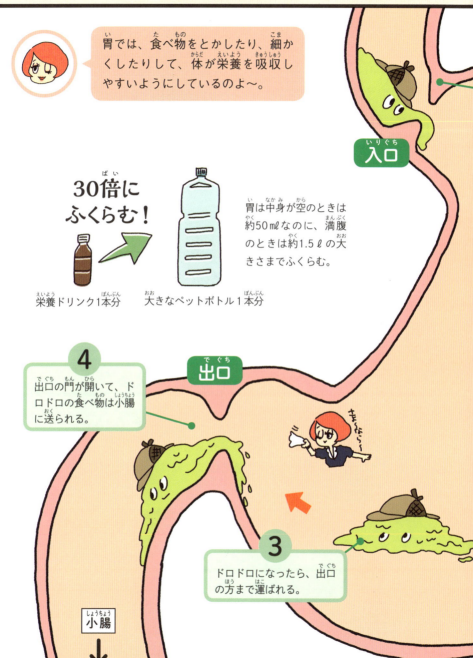

う～ん　胃《い》の中《なか》に音《おと》が鳴《な》るものはありませんでした…
※元《もと》にもどった
ブル　ブル　ブル
おや?
うわっ
!?
ぐわ～ん
地震《じしん》か!?
今《いま》のゆれは何《なん》ですか?
あら～もうこんな時間《じかん》!
お腹《なか》がへると脳《のう》から「何《なに》か食《た》べろ」って命令《めいれい》がきて胃《い》が動《うご》くのよ～

お腹《なか》がへると、どうなる?

脳《のう》には、体《からだ》の中《なか》に「どれだけ栄養《えいよう》（食《た》べ物《もの》）があるか」を感《かん》じるセンサーがあるの。栄養《えいよう》が少《すく》なくなると「お腹《なか》がへった」と感《かん》じて、胃《い》に命令《めいれい》を出《だ》すのよ～。

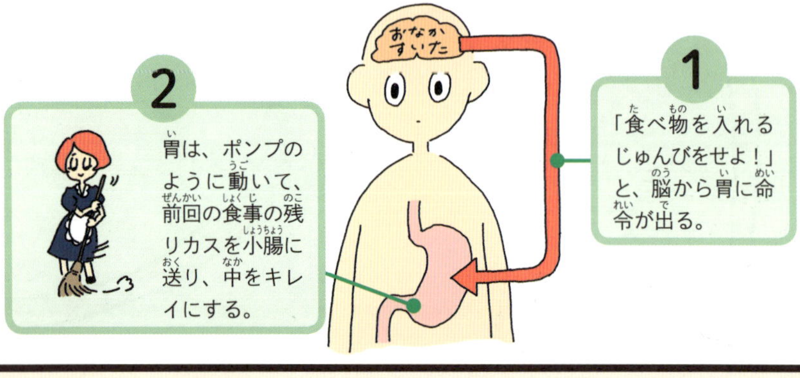
おなかすいた
1
「食《た》べ物《もの》を入《い》れるじゅんびをせよ!」と、脳《のう》から胃《い》に命《めい》令《れい》が出《で》る。
2
胃《い》は、ポンプのように動《うご》いて、前回《ぜんかい》の食事《しょくじ》の残《のこ》りカスを小腸《しょうちょう》に送《おく》り、中《なか》をキレイにする。

おや？
胃《い》のおくから音《おと》がしますね
ぐぅ〜
ぐぅ〜
あっちだ！
音《おと》は出口《でぐち》の向《む》こうから聞《き》こえてくる
出口《でぐち》
ぐぅ〜
ぐぅ〜
まさかオバケ…
パカッ
ややっ!? 出口《でぐち》が急《きゅう》に開《ひら》いた！
ヒュオオオオ
飛《と》ばされる〜
空気《くうき》が…すいこまれている…？
ヒュオオオオ
ヒラメきました
スッ
何《なん》だ？
おい!?
音《おと》の正体《しょうたい》はずばり「空気《くうき》」です。これがグーグーとお腹《なか》を鳴《な》らしていたんですよ

お腹《なか》がグーグー鳴《な》る理由《りゆう》

1 脳《のう》からの命令《めいれい》で、胃《い》がのびちぢみすると、胃《い》の中《なか》の空気《くうき》が下《した》へおしつぶされる。

2 胃《い》の出《で》口《ぐち》近《ちか》くにたまった空気《くうき》が、一気《いっき》に小腸《しょうちょう》におし出《だ》される。

おし出《だ》された空気《くうき》が
胃《い》や小腸《しょうちょう》のかべをおして、
「グー」という音《おと》が鳴《な》る！

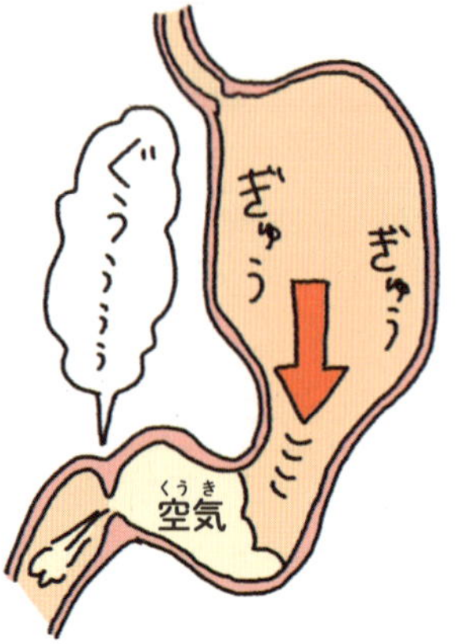
ぐううううう
ぎゅう
ぎゅう
空気《くうき》

ちなみに、この空気《くうき》が口《くち》から出《で》ると「げっぷ」に、おしりから出《で》ると「おなら」になるんですよ！

正体《しょうたい》はわかったけど音《おと》は止《と》められないのか？
今《いま》すぐには無理《むり》ねえ
音《おと》を止《と》めるには胃《い》の中《なか》に食《た》べ物《もの》がないとダメなの
それとも……あなたが食《た》べ物《もの》のかわりに栄養《えいよう》になってみる？
ぐぬぬ…
フフ♡
じりり…
ではわたしが！
あれくせになっちゃいました
もういいよ！
……

ためしてみたら？

マダム胃液《いえき》が教《おし》える

お腹《なか》の音《おと》防止《ぼうし》マニュアル

お昼前《ひるまえ》に鳴《な》るのを防《ふせ》ぐには、朝《あさ》ごはんをしっかり食《た》べてね。腹《はら》もちがいい「グラノーラ」なんか、おすすめよ。それから、こんなことをすると、お腹《なか》が鳴《な》りやすくなっちゃうから気《き》をつけてね〜！

炭酸《たんさん》ジュースを飲《の》む

ジュースにふくまれているたくさんのガスが、胃《い》の中《なか》にたまって音《おと》を鳴《な》らすのよ！

早食《はやぐ》いする

食《た》べ物《もの》といっしょに、空気《くうき》もたくさん飲《の》みこんじゃうわ！

猫背《ねこぜ》の姿勢《しせい》でいる

お腹《なか》の筋肉《きんにく》に胃《い》がおされて、空気《くうき》が小腸《しょうちょう》におし出《だ》されやすくなるわよ〜。

調査報告書《ちょうさほうこくしょ》

斎藤《さいとう》エリカ 様《さま》

お腹《なか》が鳴《な》るのは、胃《い》が食《た》べ物《もの》をむかえ入《い》れるじゅんびができたことを告《つ》げる合図《あいず》でした。少《すこ》しはずかしいですが、健康《けんこう》の印《しるし》です。

ちなみに、食《た》べ物《もの》が小腸《しょうちょう》の中《なか》を移動《いどう》するときは、「コポッ」という水《みず》っぽい音《おと》が鳴《な》るみたいです。

お腹《なか》の音《おと》には「グルグル」「キュー」など、いろいろなバリエーションがあるので、心《こころ》の広《ひろ》いお友達《ともだち》がいれば、お腹《なか》に耳《みみ》を当《あ》てて聞《き》かせてもらってください。

からだ探偵

生息地《せいそくち》

胃《い》
お腹《なか》の左上《ひだりうえ》
らへん

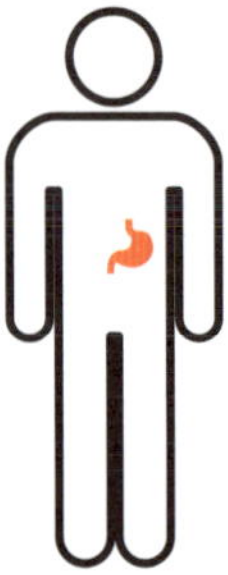

大《おお》きさ

空腹時《くうふくじ》は
にぎりこぶし
くらい

これが自慢《じまん》

満腹《まんぷく》でも デザートなら 食《た》べられる

胃《い》の中《なか》が食《た》べ物《もの》でいっぱいでも、脳《のう》が「食《た》べたい！」と思《おも》ったものを見《み》ると、胃《い》は活《かっ》発《ぱつ》に動《うご》いて新《あたら》しく食《た》べ物《もの》を入《い》れるスペースをつくりだす。「デザートは別腹《べつばら》」というのは本当《ほんとう》なのだ。

これが苦手《にがて》

ストレスが 多《おお》いと自分《じぶん》を とかしちゃう…

食《た》べ物《もの》といっしょに胃《い》がとけないのは、ねん液《えき》を出《だ》して胃《い》の内側《うちがわ》をバリアのように守《まも》っているから。でもなやみごとなどで心《こころ》が弱《よわ》ると、胃《い》のバリアも弱《よわ》まって、かべに穴《あな》をあけてしまうこともある。

キャラクターファイル

01 マダム胃液《いえき》

胃《い》の中《なか》で働《はたら》く、エレガントなキャラクター。

食《た》べ物《もの》を見《み》かけると、すぐさま胃液《いえき》をかける。食《た》べ物《もの》をドロドロにとかして、栄《えい》養《よう》を吸収《きゅうしゅう》しやすくしている。胃液《いえき》には殺菌《さっきん》作用《さよう》もあり、食《た》べ物《もの》が体《からだ》の中《なか》でくさらないようにもしている。

小腸《しょうちょう》・大腸《だいちょう》のなぞ

3

うんこが3日《みっか》も出《で》ない事件《じけん》

どうしてうんこが出《で》るのでしょう？ また、うんこがかたくなったり、出《で》なかったりするのは、なぜでしょうか。

じつはわたし、最近《さいきん》うんこが出《で》ないんです（これ、絶対《ぜったい》ないしょにしてください）。せんがつまったような感《かん》じがして、ふんばると、とても痛《いた》いです。

このまま、どんどんうんこがたまっていったら、お腹《なか》がはれつしてしまうかもしれません……。早《はや》く身《み》も心《こころ》もスッキリしたいです。

上村《うえむら》ナナミ

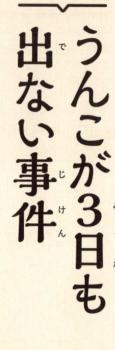

ナナミの胃《い》の中《なか》――
あら～いらっしゃい
何《なに》かご用《よう》～？
マダム胃液《いえき》
(→ P22)
なあ　どうして　うんこが出《で》ない理由《りゆう》を探《さぐ》るのに胃《い》の中《なか》に来《き》たんだ？
すぐにわかりますよ……
フフフ…
マダム　胃《い》の中《なか》の食《た》べ物《もの》の消化《しょうか》は進《すす》んでますか？
バッチリよ！　今《いま》から小腸《しょうちょう》に送《おく》り出《だ》すわ～
出口《でぐち》
ドロッ
ホラ　あそこ
ということで助手《じょしゅ》くん……
何《なん》だ…
ヒョイ
小腸《しょうちょう》に行《い》ってらっしゃ～い！
出口《でぐち》
パカッ
えええええ
ブン
潜入調査《せんにゅうちょうさ》ですよ！

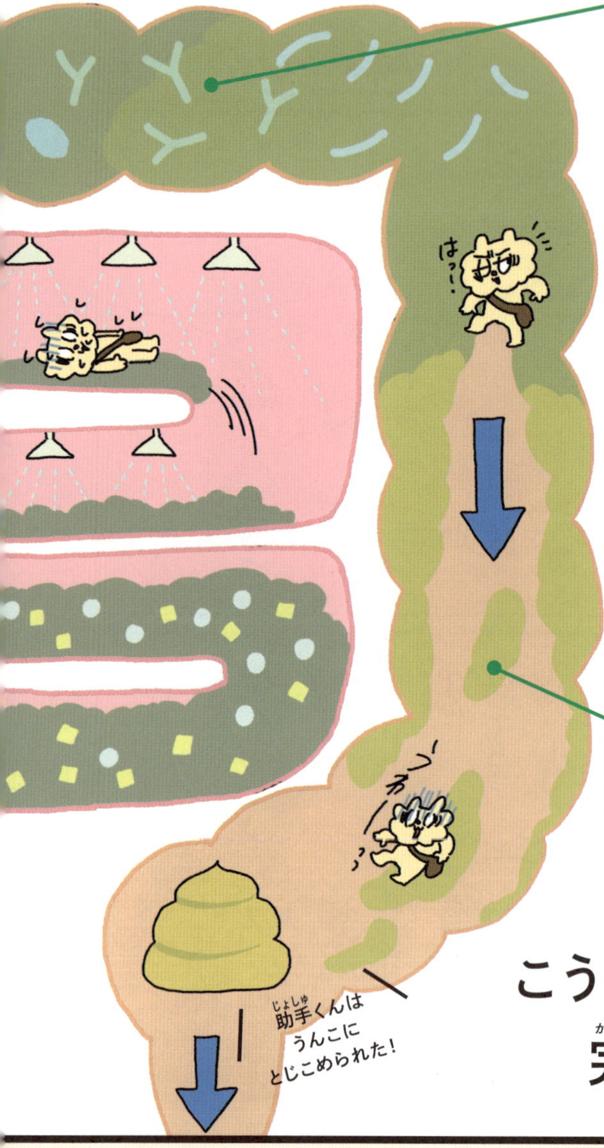

3

小腸《しょうちょう》で消化《しょうか》しきれなかった食《た》べ物《もの》の残《のこ》りカスを、大腸《だいちょう》の「腸内細菌《ちょうないさいきん》」が分解《ぶんかい》して、体内《たいない》に吸収《きゅうしゅう》する。このときに出《で》るガスが「おなら」のもとになる。腸内細菌《ちょうないさいきん》は、消化《しょうか》を助《たす》けたり、お腹《なか》の調子《ちょうし》を整《ととの》えたりしてくれる、小《ちい》さな菌《きん》だ。

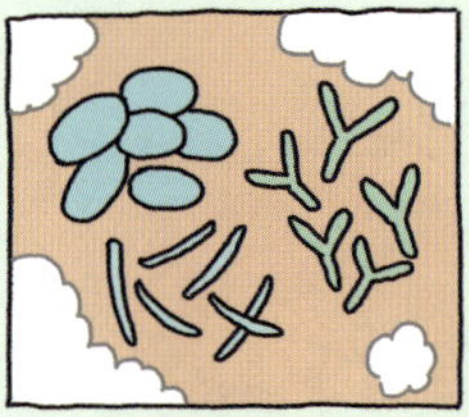

4

残《のこ》りカスからさらに水分《すいぶん》が吸収《きゅうしゅう》されたものが「うんこ」になって、大腸《だいちょう》のおくに送《おく》られる。

こうしてうんこが完成《かんせい》する!

小腸《しょうちょう》と大腸《だいちょう》のお仕事《しごと》

小腸《しょうちょう》と大腸《だいちょう》は、食《た》べ物《もの》を消化《しょうか》したり、栄養《えいよう》や水分《すいぶん》を吸収《きゅうしゅう》したりしています。大人《おとな》なら、小腸《しょうちょう》は６～７m、大腸《だいちょう》は1.5mもあるんですよ。

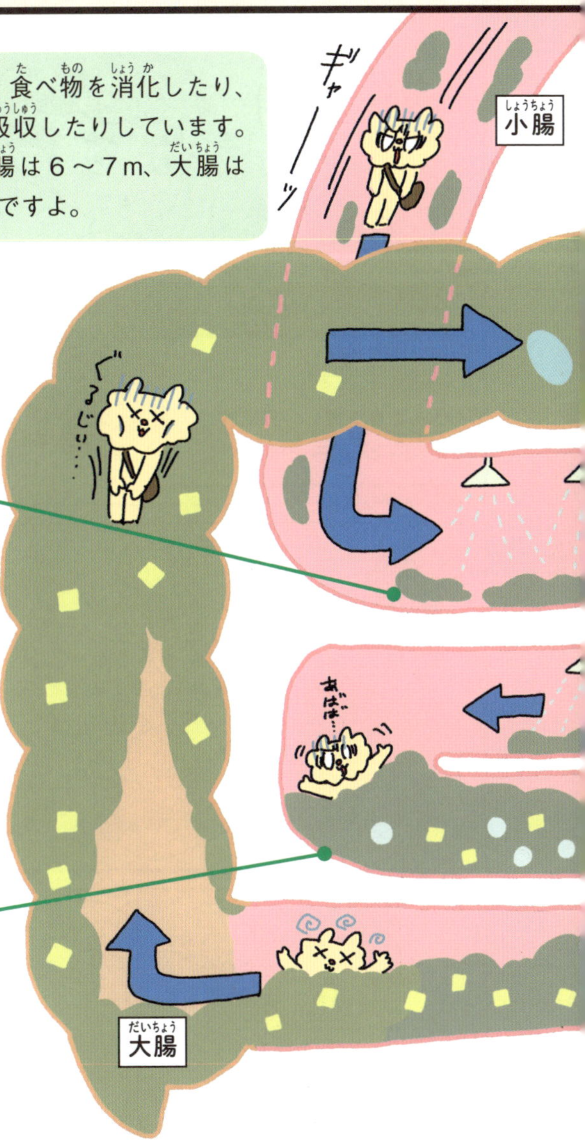

1

胃《い》から送《おく》られてきた食《た》べ物《もの》が「腸液《ちょうえき》」とまざって、さらにドロドロになる。腸液《ちょうえき》には、食《た》べ物《もの》の消化《しょうか》を助《たす》ける働《はたら》きがある。

2

小腸《しょうちょう》の内側《うちがわ》のかべには「じゅう毛《もう》」という、とても小《ちい》さなひだがたくさんある。ここから栄養《えいよう》が吸収《きゅうしゅう》され、血管《けっかん》を通《とお》って全身《ぜんしん》に運《はこ》ばれていく。

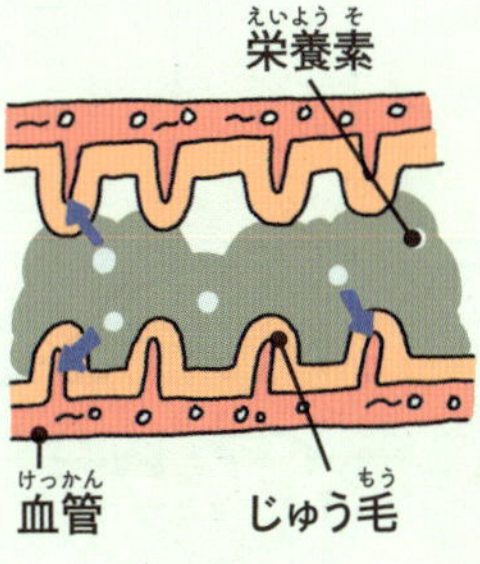

うんこにとじこめられた助手《じょしゅ》くんは、大腸《だいちょう》のおくにたどりついた
う〜ん おかしいべ
な〜んか最近《さいきん》うんこの量《りょう》が少《すく》ない気《き》がすっぺなあ
大腸《だいちょう》作業員《さぎょういん》
うんこを管理《かんり》し、芸術的《げいじゅつてき》に、すき間《ま》なく積《つ》み上《あ》げるプロ。
こりゃまずいなあ……
よっこらせ
ってコラアアア!
おれはウンコじゃねー!!
パッカーン
なあ まずいって一体何《いったいなに》がだよ?
うんこ太郎《たろう》…
うんこはあるていど量《りょう》がたまらないと外《そと》に出《だ》せん
ふきふき
←うんこ出《だ》し合格《ごうかく》ライン
これじゃうんこ不足《ぶそく》だべ……

うんこが出《で》るしくみ

1 うんこがたまる

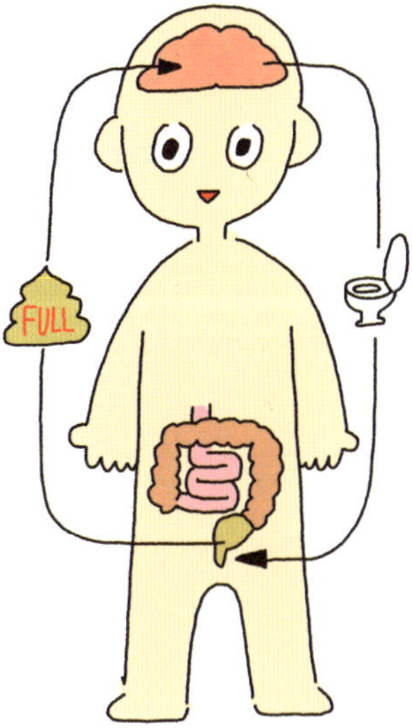

うんこがたまって大腸《だいちょう》のかべがのびると、「うんこがたまった」という情《じょう》報《ほう》が神経《しんけい》を通《つう》じて脳《のう》に伝《つた》えられる。

2 脳《のう》が命令《めいれい》する

脳《のう》から「うんこをしろ」という命令《めいれい》が出《で》て、おしりの筋肉《きんにく》がゆるみ、トイレに行《い》きたくなる。

大腸《だいちょう》の中《なか》には、いつもうんこがあるけど、脳《のう》がコントロールしてるおかげで、もらさずにすむんだべ。

うんこが出《で》なくなる原因《げんいん》

ダイエットで食事《しょくじ》をへらす

↓

うんこの量《りょう》がへる

↓

うんこが何日《なんにち》も出《で》ない

→

古《ふる》いうんこの水分《すいぶん》がぬける

↓

うんこがかたくなる

↓

よけいにうんこが出《で》なくなる!

ためしてみたら?

大腸作業員《だいちょうさぎょういん》が教《おし》える
うんこをスッキリ出《だ》す方法《ほうほう》

朝早《あさはや》く起《お》きて、ゆったりできる時間《じかん》があると、うんこが出《で》やすくなるんだべ。それ以外《いがい》にも、こんなことしてみるといいぞ。

ゆったりした服《ふく》を着《き》る

お腹《なか》がきつい服《ふく》を着《き》ると、大腸《だいちょう》が動《うご》きづらくなっちまう。できるだけしめつけのない服《ふく》を着《き》てもらいてぇもんだ。

野菜《やさい》やフルーツを食《た》べる

野菜《やさい》やフルーツにふくまれてる「食物《しょくもつ》せんい」ってのが、うんこをやわらかくしてくれんだ。ごぼうや柿《かき》、いちごなんかがいいなぁ。

運動《うんどう》をする

お腹《なか》の筋肉《きんにく》が強《つよ》くなれば、うんこをおし出《だ》す力《ちから》もパワーアップすっからな。食《しょく》事《じ》をぬくより、運動《うんどう》してやせたほうがいいべ。

調《ちょう》査《さ》報《ほう》告《こく》書《しょ》

上村《うえむら》ナナミ様《さま》

たくさんうんこを出《だ》すためには、たくさん食《た》べてください。

うんこは健康《けんこう》のバロメーターでもあります。ベストなのは、小《ちい》さなバナナくらいの大《おお》きさとかたさのうんこ。うさぎのフンのようなコロコロタイプは水分不足《すいぶんぶそく》、シャビシャビタイプは体《からだ》に栄養《えいよう》がよく吸収《きゅうしゅう》されていないので注意《ちゅうい》です。

また、からいものを食《た》べると、おしりがヒリヒリするうんこが出《で》るので、覚悟《かくご》しておきましょう。

からだ探偵

生息地《せいそくち》

大腸《だいちょう》
お腹《なか》の
下《した》らへん

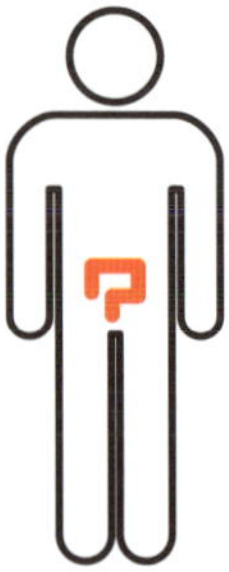

長《なが》さ

小学《しょうがく》6年生《ねんせい》の
女子《じょし》と同《おな》じ
くらい
(約《やく》1.5m)

これが自慢《じまん》

最高《さいこう》で うんこを6kg ためられる

計算上《けいさんじょう》、大腸《だいちょう》の中《なか》には1.5ℓのペットボトル3〜4本分《ぽんぶん》のうんこをためることができる。「102日間《にちかん》うんこをがまんした」という世界記録《せかいきろく》もあるが、がまんのしすぎは体《からだ》に悪《わる》いので禁物《きんもつ》だ。

これが苦手《にがて》

食《た》べ物《もの》が 冷《つめ》たすぎると げりになる…

冷《つめ》たい物《もの》を食《た》べると、大腸《だいちょう》が刺激《しげき》されて、食《た》べ物《もの》を送《おく》るスピードがとても速《はや》くなる。そのため食《た》べ物《もの》の水分《すいぶん》をよくしぼることができず、びちゃびちゃのうんこになってしまうのだ。

キャラクターファイル

02 大腸《だいちょう》作《さ》業員《ぎょういん》

大腸《だいちょう》で働《はたら》く、そぼくなキャラクター。

食《た》べ物《もの》の残《のこ》りカスの水分《すいぶん》をしぼって、かためて、うんこをつくる。うんこがたまったら、おしりの筋肉《きんにく》を動《うご》かして、外《そと》に出《だ》す。

どんどん食《た》べて
どんどん
出《だ》すべ？

心臓《しんぞう》のなぞ

止《と》まらない胸《むね》のドキドキ事件《じけん》

発表会《はっぴょうかい》や運動会《うんどうかい》などで、たくさんの人《ひと》に注目《ちゅうもく》されると、緊張《きんちょう》して心臓《しんぞう》がドキドキするのは、なぜでしょうか？

国語《こくご》の時間《じかん》の音読《おんどく》がいやでたまりません。自分《じぶん》の番《ばん》になったとたん、顔《かお》がカーッと熱《あつ》くなって、頭《あたま》がまっ白《しろ》になってしまいます。

ひとりで読《よ》むときは平気《へいき》なのに、なぜかみんなの前《まえ》だとダメなんです。「緊張《きんちょう》しちゃダメだ」と思《おも》うほど、心臓《しんぞう》のドキドキが速《はや》くなって、とても困《こま》っています。

小田《おだ》ユウト

ある日《ひ》の国語《こくご》の時間《じかん》——
ああっ どうしよう…
次《つぎ》がぼくの番《ばん》だ
ドキッ
そのときユウトの心臓《しんぞう》では……
全員集合《ぜんいんしゅうごう》っす！
オスッ！
シュタッ
心臓《しんぞう》ファイターズ
心臓《しんぞう》をホームにして活《かつ》やくする野《や》球《きゅう》チーム。４人《にん》で力《ちから》を合《あ》わせて、体中《からだじゅう》に血液《けつえき》を送《おく》り出《だ》している。
かんとくから連絡《れんらく》っす！
ユウトくんがピンチみたいっす
ビシッ
シンゾウファイターズへ ユウトピンチ ドキドキセヨ
みんなでガンガン血《ち》を送《おく》って応援《おうえん》するっすよ！
オオーッ

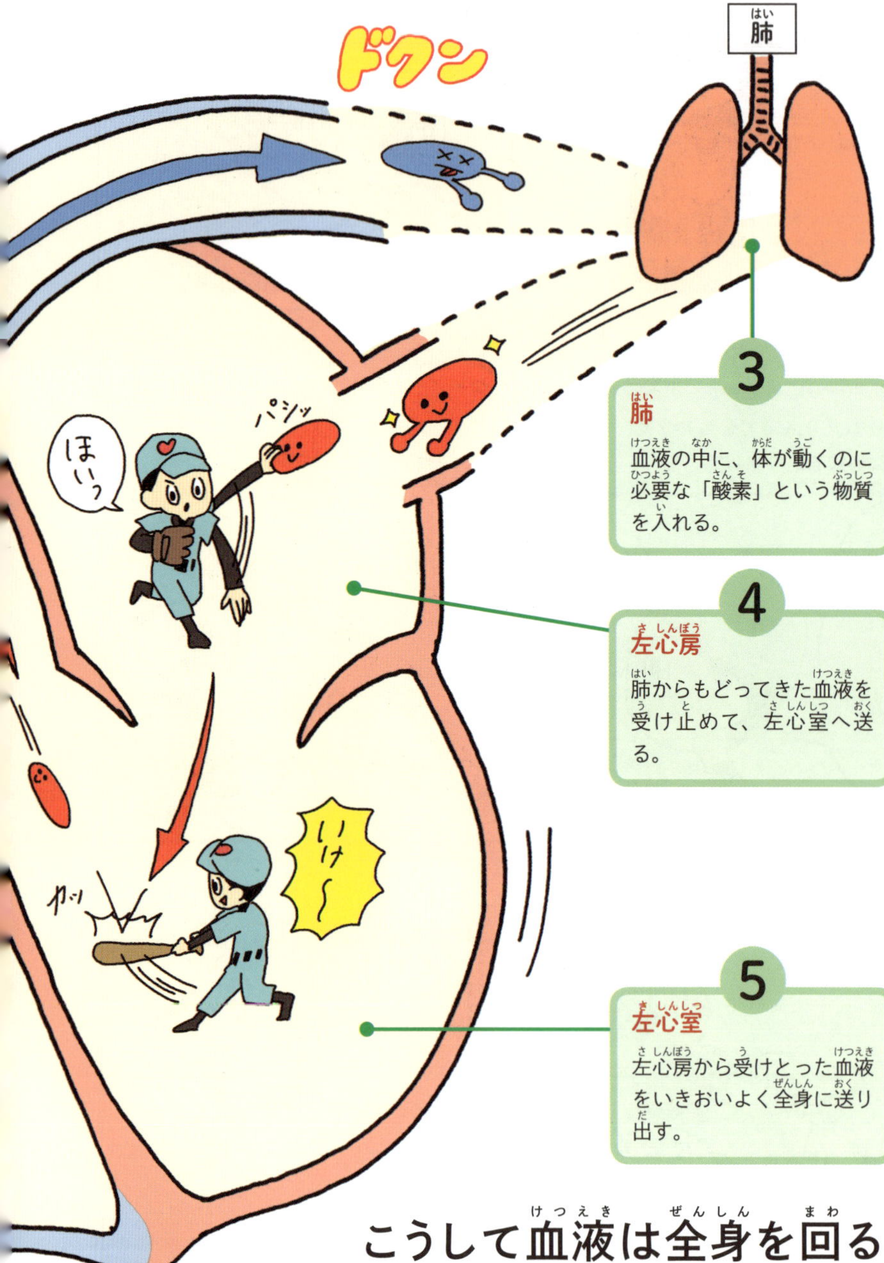

3

肺《はい》

血液《けつえき》の中《なか》に、体《からだ》が動《うご》くのに必要《ひつよう》な「酸素《さんそ》」という物質《ぶっしつ》を入《い》れる。

4

左心房《さしんぼう》

肺《はい》からもどってきた血液《けつえき》を受《う》け止《と》めて、左心室《さしんしつ》へ送《おく》る。

5

左心室《さしんしつ》

左心房《さしんぼう》から受《う》けとった血液《けつえき》をいきおいよく全身《ぜんしん》に送《おく》り出《だ》す。

こうして血液《けつえき》は全身《ぜんしん》を回《まわ》る！

心臓《しんぞう》のお仕事《しごと》

全員《ぜんいん》ポジションについたっすか？　体《からだ》が元気《げんき》に動《うご》くようにガンガン血《ち》を送《おく》るっすよ！

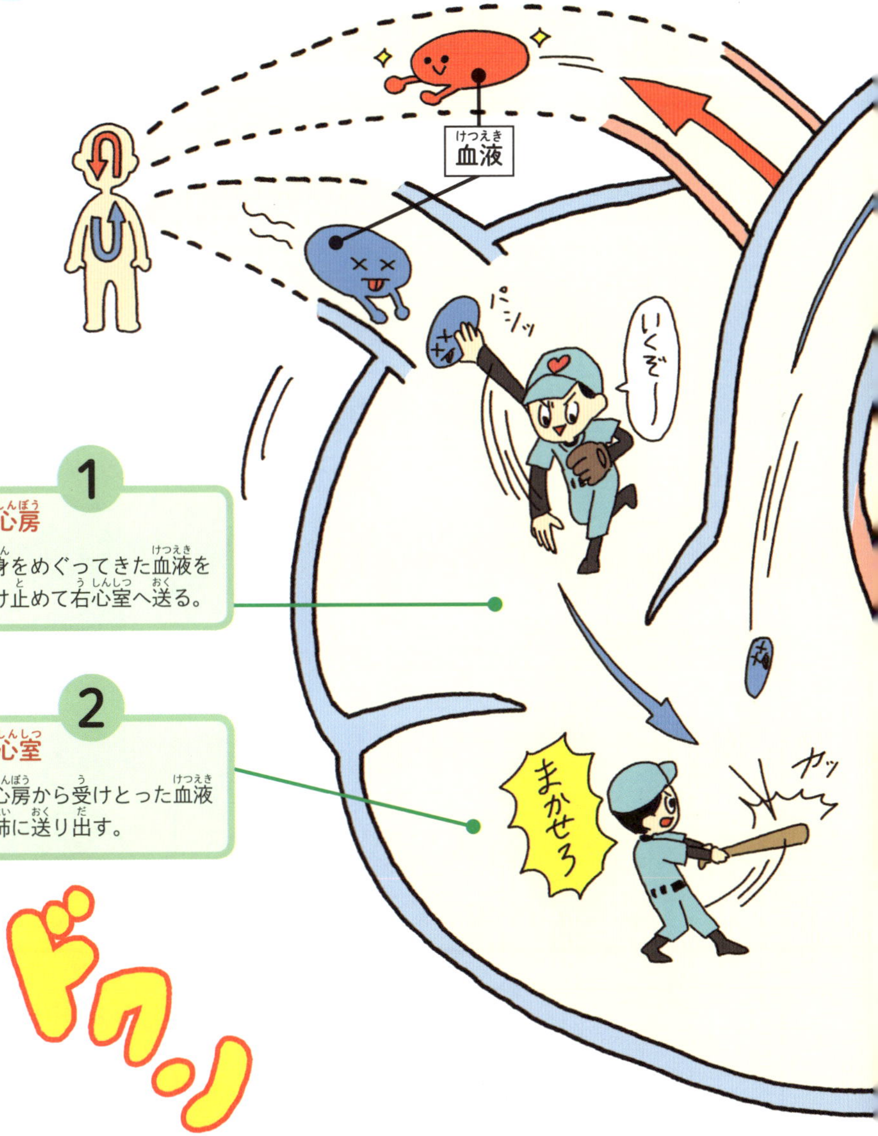

1

右心房《うしんぼう》

全身《ぜんしん》をめぐってきた血液《けつえき》を受《う》け止《と》めて右心室《うしんしつ》へ送《おく》る。

2

右心室《うしんしつ》

右心房《うしんぼう》から受《う》けとった血液《けつえき》を肺《はい》に送《おく》り出《だ》す。

ガンガンいくぞっ！
カキーーン
お忙《いそが》しいところすみません！
バスッ
あぶねえなオイ！
ユウトくんがドキドキして困《こま》っているのでお静《しず》かに
し〜っ
それは無理《むり》っすよ〜かんとくの命令《めいれい》っすから
かんとくってだれだよ？
オイッ
脳《のう》っす！
自分《じぶん》らは脳《のう》の命令《めいれい》で動《うご》くスピードが変《か》わるっす！
たとえばこうしておどかすと……
スッ
ドキッ
うわっドキドキする！
ふむ…

心臓《しんぞう》がドキドキする理由《りゆう》

脳《のう》は、状況《じょうきょう》によって心臓《しんぞう》の動《うご》くスピードを変《か》えることで、体《からだ》をこうふんさせたり、休《やす》めたりしてるっすよ。

心臓《しんぞう》が速《はや》く動《うご》くほど、全身《ぜんしん》に速《はや》く酸素《さんそ》がとどけられる。

いつも以上《いじょう》に体《からだ》が動《うご》きやすくなって、すばやく逃《に》げられる。

心臓《しんぞう》がゆっくり動《うご》くと、あまりエネルギーを使《つか》わずにすむ。

体《からだ》が休《やす》まって、たまったつかれを回復《かいふく》できる。

「うこん色《いろ》」を まちがって 「うんこ色《いろ》」と 読《よ》んで しまったっすよ……
うんこ色《いろ》の…
ハッ
うこん色《いろ》の…
ドッ
かわいそうに…
それはショックだな…
ザッ
なるほど
ヒラメきました
ユウトくんの脳《のう》はこんなふうに「音読《おんどく》は危険《きけん》！」と思《おも》いこんでいるんですよ！
音読《おんどく》
失敗《しっぱい》
笑《わら》われる
ドキドキ
バクバク
キケン
危険
フハハハ…
そっかー
それで緊張《きんちょう》しちゃうのか
むむ…
まあ 訓練《くんれん》でドキドキを おさえることも できなくはないっすけどね〜
その話《はなし》 くわしく お聞《き》かせください！
いいっすよ！

ためしてみたら？

心臓《しんぞう》ファイターズが教《おし》える
緊張《きんちょう》しにくくなるコツ

脳《のう》は、「よくわからないこと」があると、不安《ふあん》になって緊張《きんちょう》しやすくなるっす。だから、わからないことをへらせばいいっすよ！

じゅんびをしっかりする

たくさん練習《れんしゅう》しておくと、脳《のう》が安心《あんしん》するっす。何《なに》を、どれくらいやればいいのかがわかるので、緊張《きんちょう》しにくくなるっすよ。

できることだけやる

「かんぺきにやろう」と思《おも》うと、よけいに緊張《きんちょう》するっす。「ゆっくり読《よ》む」「口《くち》を大《おお》きく開《あ》ける」とか、できることだけやるっす。

人《ひと》ではなく物《もの》に話《はな》しかける

「人《ひと》からどう思《おも》われてるんだろう」と考《かんが》えはじめると緊張《きんちょう》するっす。黒板《こくばん》とか時《と》計《けい》に話《はな》しかけるつもりで読《よ》むといいっすよ。

調《ちょう》査《さ》報《ほう》告《こく》書《しょ》

小《お》田《だ》ユウト 様《さま》

緊張《きんちょう》したときに、ふだんと同《おな》じようにふるまうのは難《むずか》しいです。だから、緊張《きんちょう》してもできることを、あらかじめ考《かんが》えておきましょう。「緊張《きんちょう》しないようにする」のではなく、「緊張《きんちょう》してもだいじょうぶ」なようにしておくのです。

わたしの場合《ばあい》、緊張《きんちょう》したときは、助手《じょしゅ》くんの顔《かお》を思《おも》いうかべます。顔《かお》にいくつモコモコがあったか、頭《あたま》の中《なか》で数《かぞ》えていると、しだいに心《こころ》が落《お》ちついてくるのです。

からだ探偵

生息地《せいそくち》

心臓《しんぞう》

胸《むね》の真《ま》ん中《なか》らへん

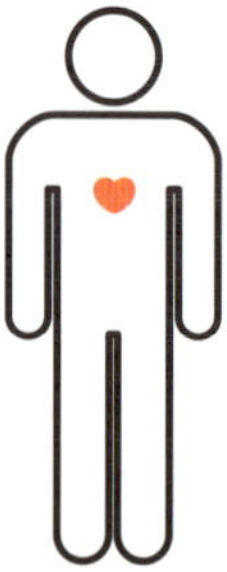

大《おお》きさ

にぎりこぶしくらい

これが自慢《じまん》

1日《にち》におふろ35杯分《はいぶん》の血《ち》を送《おく》る

心臓《しんぞう》は、1分間《ぶんかん》に60〜80回《かい》もドキドキしている。1回《かい》あたりに送《おく》り出《だ》す血液《けつえき》の量《りょう》は60〜100mlで、1日動《にちうご》くと、約《やく》7000ℓ（おふろ35杯分《はいぶん》）もの量《りょう》になる。

これが苦手《にがて》

寝不足《ねぶそく》は心臓発作《しんぞうほっさ》の原因《げんいん》になる

心臓《しんぞう》は、起《お》きているときは元《げん》気《き》に、ねているときはゆっくりと動《うご》く。そのため、ねむらないでいると、心臓《しんぞう》が休《やす》まらずにつかれてしまう。ひどいときは、とつぜん止《と》まってしまうこともある。

キャラクターファイル

03 心臓《しんぞう》ファイターズ

心臓《しんぞう》で活《かつ》やくする、元気《げんき》なキャラクター。

24時《じ》間《かん》休《やす》みなく心臓《しんぞう》から血液《けつえき》を送《おく》り出《だ》し、体中《からだじゅう》に栄養《えいよう》や酸素《さんそ》をとどける。

脳《のう》からの命令《めいれい》で、血液《けつえき》を送《おく》り出《だ》すスピードを変《か》えている。

ピンチのときほど燃《も》えるっす!

肝臓《かんぞう》のなぞ

おかしなよっぱらい事件《じけん》

お酒《さけ》を飲《の》んだ大人《おとな》が、よっぱらって陽気《ようき》になったり、だらしなくなったりするのは、なぜでしょうか。

ぼくのお父《とう》さんは、ビールを飲《の》むと、顔《かお》が赤《あか》くなって、おやじギャグを連発《れんぱつ》しはじめます（あまりおもしろくはありません）。そしてそのままソファでねてしまい、お母《かあ》さんに怒《おこ》られるのです。

いつもはしっかりしているのに、どうしてお酒《さけ》を飲《の》むと、へんになっちゃうのでしょうか？

加藤《かとう》ハルキ

お父《とう》さんがお酒《さけ》を飲《の》んだ直後《ちょくご》、
肝臓《かんぞう》は大《おお》さわぎになっていた

脳《のう》や心臓《しんぞう》

3

無害《むがい》な酢酸《さくさん》は血管《けっかん》にもどされ、最後《さいご》はおしっこになって外《そと》へ出《で》る。ただし、分解《ぶんかい》しきれなかったアルコールやアセトアルデヒドは、脳《のう》や心臓《しんぞう》まで運《はこ》ばれてしまう。

胃《い》や小腸《しょうちょう》

ほかにもこんな
仕事《しごと》があるわ！

MISSION2
栄養《えいよう》をつくりかえる

食《た》べ物《もの》から吸収《きゅうしゅう》した栄養《えいよう》を、体《からだ》が使《つか》いやすいように小《ちい》さくつくりかえて、全身《ぜんしん》に送《おく》る。

MISSION3
栄養《えいよう》をためておく

血《ち》をつくるのに欠《か》かせない鉄分《てつぶん》やビタミンなどの栄養《えいよう》をためておき、必要《ひつよう》なときに血液中《けつえきちゅう》に送《おく》る。

肝臓《かんぞう》のお仕事《しごと》

お酒《さけ》には、「アルコール」という体《からだ》に害《がい》のある成分《せいぶん》がふくまれているの。アタシは、それを無《む》害《がい》な成分《せいぶん》につくりかえているのよ。

2

肝臓《かんぞう》に入《はい》ってきたアルコールは分解《ぶんかい》され「アセトアルデヒド」という物質《ぶっしつ》になる。肝臓《かんぞう》は、これをさらに分解《ぶんかい》して「酢酸《さくさん》」という無《む》害《がい》な物質《ぶっしつ》につくりかえる。

MISSION1
アルコールを分解《ぶんかい》する

1

体《からだ》の中《なか》に入《はい》ったアルコールは、血管《けっかん》を通《とお》って、肝臓《かんぞう》まで運《はこ》ばれてくる。

そのころ、探偵《たんてい》たちは
脳《のう》の中《なか》で聞《き》きこみをしていた
何《なに》か事件《じけん》は起《お》こっていませんか?
悪《わる》い予感《よかん》がするんです
今《いま》のところ異常《いじょう》はないぞ!
前頭葉《ぜんとうよう》キャプテン
(→ P120)
フワ
フワ
アル〜
ん?
何《なん》だコレ?
ツン
ツン
ハッ
それは……さわっちゃダメだ!
パーンッ
あぁあっっ
あらヤダぁなんか気持《きも》ちよくなってきたわぁ
よっぱらい〜
肝臓《かんぞう》で分解《ぶんかい》しきれなかったアルコールが脳《のう》に入《はい》ってきたようだぁ
ふらふら〜
うふふ
脳《のう》の機能《きのう》がまひしていく……!

お酒《さけ》でよっぱらうしくみ

お酒《さけ》をたくさん飲《の》むと、肝臓《かんぞう》がアルコールを分解《ぶんかい》しきれず、脳《のう》に入《はい》ってしまいます。そして脳《のう》の機能《きのう》を、外側《そとがわ》からまひさせていくのです。

よっぱらいレベル1

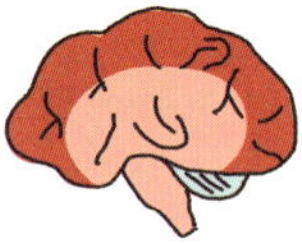

脳《のう》の外側《そとがわ》の部分《ぶぶん》がまひして、機能《きのう》がにぶる。いつもより**陽気《ようき》になったり、怒《おこ》りっぽくなったりする。**リラックスできるので、それほど悪《わる》いことではない。

～

よっぱらいレベル2

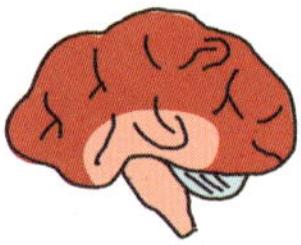

まひが、脳《のう》の深《ふか》くまでおよぶ。**何度《なんど》も同《おな》じことを言《い》う、舌《した》が回《まわ》らなくなる、足元《あしもと》がふらついてまっすぐ歩《ある》けなくなる、**といった行動《こうどう》がみられるようになる。

ぐらん
ぐらん

よっぱらいレベル3

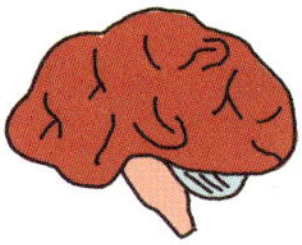

まひが、脳全体《のうぜんたい》におよぶ。**意識《いしき》がもうろうとするなどして、とても危険《きけん》。**これ以上《いじょう》ようと、意識《いしき》がなくなって死《し》ぬこともあるので、すぐに病院《びょういん》へ！

そのころハルキの父《ちち》は……
ボフッ
ふわあ
ビールを飲《の》んで体《からだ》がのビール…
ねむってしまった

翌朝《よくあさ》——
ズキ
ズキ
う〜
頭《あたま》がガンガンする
脳《のう》ではアセトアルデヒドが
大《おお》あばれして
頭痛《ずつう》を起《お》こしていた
チク
チク
チク
チク
やめてくれ〜
こちら肝臓《かんぞう》!
いま残《のこ》りのやつらを
分解中《ぶんかいちゅう》よ!
早《はや》く
肝臓《かんぞう》に送《おく》れ!
デヒ〜
デヒ〜
血管《けっかん》
血管《けっかん》の中《なか》が
ドロドロで
うまく流《なが》れて
くれません!
ヒラメ
きました
助手《じょしゅ》くん
あれをください
しかたねーなー
ズキーン
ズキーン
ササヤケール
心《こころ》に直接《ちょくせつ》語《かた》りかけられるメガホン。
…ハルキくん…
聞《き》こえますか?
お父《とう》さんに……お水《みず》を……
あげて…ください……
!?
心《こころ》に直接《ちょくせつ》…!?

ためしてみたら？

肝臓《かんぞう》ハンターが教《おし》える
二日《ふつか》よい撃退《げきたい》マニュアル

お酒《さけ》を飲《の》んだ翌朝《よくあさ》に、頭《あたま》が痛《いた》くなることを「二日《ふつか》よい」とよぶの。二《ふつ》日《か》よいの原因《げんいん》は、体《からだ》の中《なか》に残《のこ》ったアセトアルデヒド。こいつらをたおすサポートをお願《ねが》いするわ！

水《みず》をたくさん飲《の》む

お酒《さけ》を飲《の》んだあとは、血液《けつえき》がドロドロになるの。水《みず》をたくさん飲《の》んでサラサラにして、アセトアルデヒドを流《なが》れやすくしてちょうだい！

グレープフルーツジュースを飲《の》む

グレープフルーツにふくまれるフルクトースという物《ぶっ》質《しつ》が、アセトアルデヒドを分解《ぶんかい》するのを助《たす》けてくれるのよ。

柿《かき》を食《た》べる

柿《かき》にふくまれるタンニンは、アルコールやアセトアルデヒドとくっついて、おしっこや汗《あせ》といっしょに外《そと》に出《で》ていってくれるわ。

調《ちょう》査《さ》報《ほう》告《こく》書《しょ》

加藤《かとう》ハルキ 様《さま》

お酒《さけ》を飲《の》むと、自分《じぶん》の気持《きも》ちをすなおに出《だ》せるようになります。大人《おとな》になると、人前《ひとまえ》で大笑《おおわら》いしたり、大泣《おおな》きしたりしにくくなります。大人《おとな》はお酒《さけ》の力《ちから》をかりて、子《こ》どものときのような自由《じゆう》な心《こころ》を、ちょっとだけ取《と》りもどしているのかもしれません。

だから、お酒《さけ》を飲《の》むのは20歳《さい》をすぎてからでじゅうぶんです。子《こ》どもが飲《の》んでも頭《あたま》が痛《いた》くなるだけで、楽《たの》しいことはひとつもありません。

からだ探偵

生息地《せいそくち》

肝臓《かんぞう》
お腹《なか》の右上《みぎうえ》
らへん

大《おお》きさ

手《て》のひらの
2倍《ばい》くらい

これが自慢《じまん》

切《き》られても
みるみる回復《かいふく》
元《もと》どおり

肝臓《かんぞう》は、ほかの内臓《ないぞう》にくらべて、とても再生能力《さいせいのうりょく》が高《たか》い。3分《ぶん》の2くらいの量《りょう》を切《き》りとってしまっても、健康《けんこう》な肝《かん》臓《ぞう》なら、半年《はんとし》くらいで元《もと》の大《おお》きさまでもどるのだ。

これが苦手《にがて》

運動《うんどう》しないと
すぐに
太《ふと》っちゃう…

栄養《えいよう》をためるのも肝臓《かんぞう》の仕《し》事《ごと》。そのため運動不足《うんどうぶそく》だと、あまった栄養《えいよう》がたまりすぎて、肝臓《かんぞう》そのものが太《ふと》ってしまう。こうなると働《はたら》きが弱《よわ》くなり、いろいろな病気《びょうき》の原因《げんいん》となる。

キャラクターファイル

04 肝臓《かんぞう》ハンター

肝臓《かんぞう》で名《な》をはせる、働《はたら》き者《もの》のキャラクター。

仕事《しごと》の内容《ないよう》ははば広《ひろ》く、栄養《えいよう》を使《つか》いやすい形《かたち》につくりかえたり、アルコールを分解《ぶんかい》したりしている。細《こま》かいものまで合《あ》わせると、500以上《いじょう》の仕事《しごと》をしている。

お酒《さけ》も毒《どく》も
かかってらっしゃい

起《お》きている!

第《だい》2章《しょう》

事件《じけん》は筋肉《きんにく》・骨《ほね》で

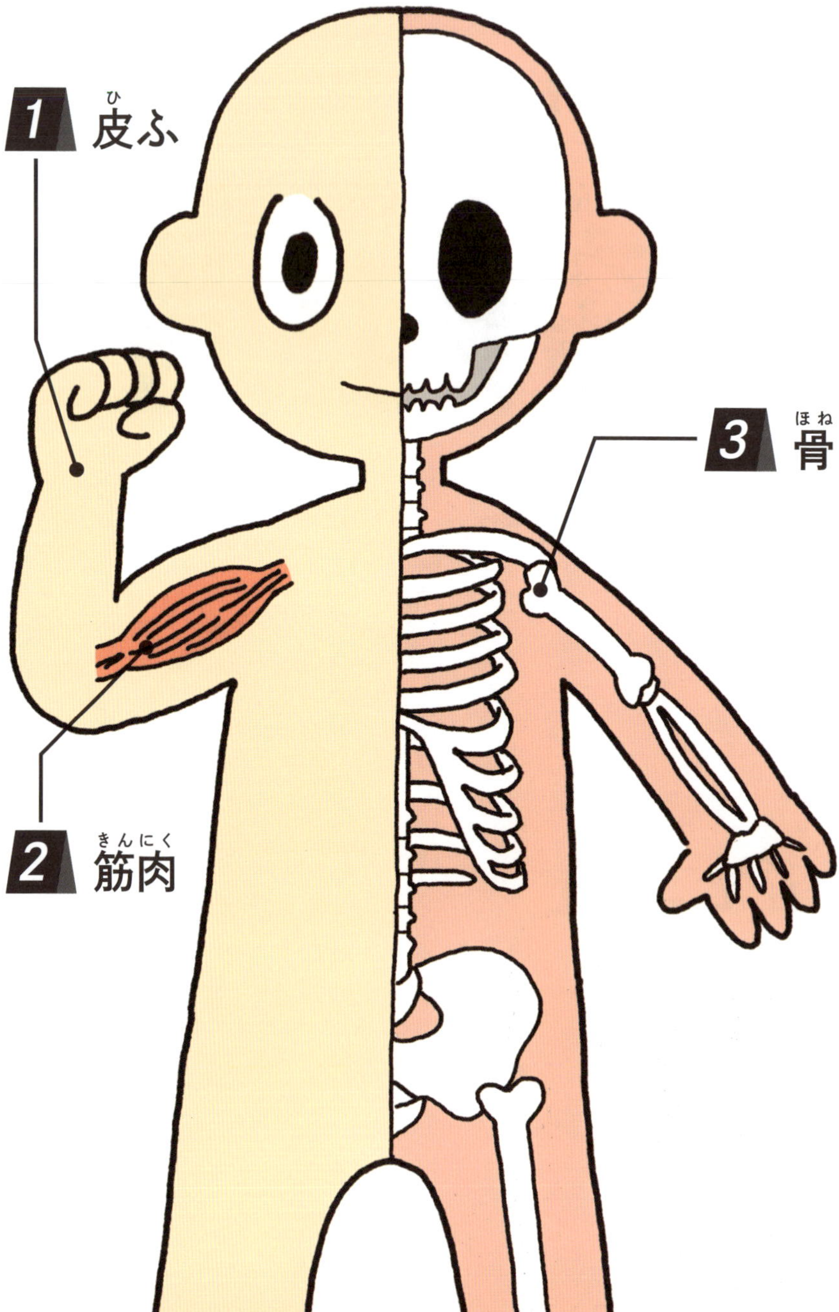
1 皮《ひ》ふ
2 筋肉《きんにく》
3 骨《ほね》

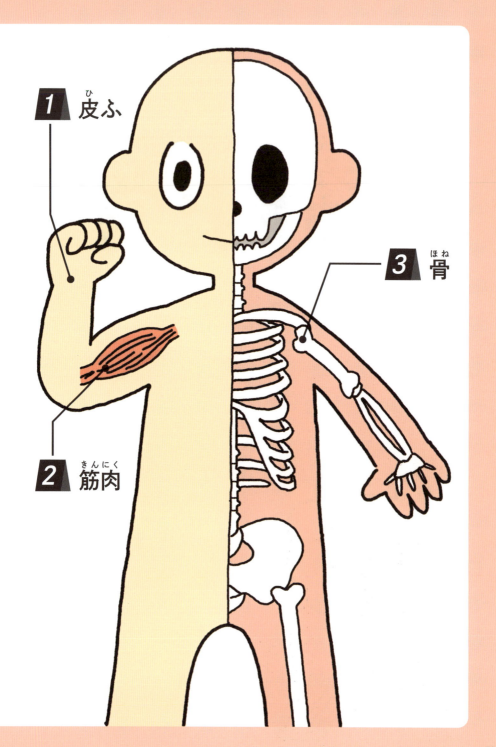

今回《こんかい》の事件現場《じけんげんば》 筋肉《きんにく》・骨《ほね》

筋肉《きんにく》や骨《ほね》は、体《からだ》がバラバラにならないように、全身《ぜんしん》をささえています。わたしたちが歩《ある》いたり、ジャンプしたりできるのは、うでや足《あし》の筋肉《きんにく》が骨《ほね》を動《うご》かしているからです。

1 皮《ひ》ふ → p78〜87

皮《ひ》ふは、体《からだ》の表面《ひょうめん》をおおっていて、暑《あつ》さや寒《さむ》さのほか、細菌《さいきん》やウイルスなどから、体《からだ》を守《まも》っている。全身《ぜんしん》の皮《ひ》ふを広《ひろ》げると、約《やく》1.6㎡(畳《たたみ》1畳分《じょうぶん》くらい)の大《おお》きさになる。

2 筋肉《きんにく》 → p58〜67

筋肉《きんにく》は、「せんい」という、糸《いと》のように細《ほそ》い組織《そしき》が何本《なんぼん》も合《あ》わさってできている。これがのびちぢみすることで、体《からだ》を動《うご》かしたり、物《もの》を持《も》ち上《あ》げたりすることができる。

3 骨《ほね》 → p68〜77

骨《ほね》は、かんたんに折《お》れたりしないように、とてもじょうぶにできている。そして、たくさんの骨《ほね》がつながって、体《からだ》を内側《うちがわ》からささえている。また、頭《あたま》の骨《ほね》や胸《むね》の骨《ほね》には、脳《のう》や内臓《ないぞう》を守《まも》る役割《やくわり》もある。

骨《ほね》の豆《まめ》ちしき

① 全身《ぜんしん》の骨《ほね》の数《かず》は、ぜんぶで**206**個《こ》ある(大人《おとな》の場合《ばあい》)。

② いちばん小《ちい》さな骨《ほね》は、耳《みみ》の中《なか》にある「あぶみ骨《こつ》」で、**3㎜**くらい。

③ いちばん大《おお》きな骨《ほね》は、太《ふと》ももにある「大《だい》たい骨《こつ》」で、**40〜50㎝**(大人《おとな》の男性《だんせい》の場合《ばあい》)。

脂肪《しぼう》・筋肉《きんにく》のなぞ

ママのお腹《なか》が凹《へこ》まない事件《じけん》

人《ひと》はなぜ、太《ふと》ったり、やせたりするのでしょうか？　また、ぜい肉《にく》をへらすには、どうすればいいのでしょうか？

わたしのママを助《たす》けてください！　最近《さいきん》、ポッコリお腹《なか》をへこますために、腹筋運動《ふっきんうんどう》をしているんですけど、何回《なんかい》やってもぜんぜんやせないんです。プルプルふるえながら腹筋《ふっきん》しているママが、かわいそうで見《み》ていられません。

一体《いったい》ママの何《なに》がいけないのか、やせない理由《りゆう》を教《おし》えてください。

長沢《ながさわ》ユイ

ある日《ひ》のユイの母《はは》――
はぁ…
う～ん なかなか やせないわねえ
そのころ お腹《なか》の中《なか》では……
ぽっこぉ..
脂肪《しぼう》オカン
体《からだ》の中《なか》であまった栄養《えいよう》をためこみまくるオカン。
ふむ
?!
ああ もったいない もったいない！ もっとつめな！
バッ
バッ
もしかして それは 脂肪《しぼう》では ありま せんか？
ん？ せやで
いざってときのために ためてんねん！
脂
たぷん

人《ひと》が太《ふと》るしくみ

ウチは、皮《ひ》ふと筋肉《きんにく》の間《あいだ》で、使《つか》わない栄養《えいよう》をためてんねん！

1 運動《うんどう》で使《つか》い切《き》れなかった栄《えい》養《よう》があまる。

2 脂肪《しぼう》オカンが、栄養《えいよう》を脂肪《しぼう》に変《か》える。

3 体《からだ》の中《なか》に脂《し》肪《ぼう》がどんどんたまっていく。

こうして人《ひと》は太《ふと》る！

熱気《ねっき》を発《はっ》していたのは
筋肉《きんにく》メンズだった
ムワワ〜
へ〜イ！
もっとふんばるデス！
筋肉《きんにく》メンズ
筋肉《きんにく》をちぢめたり、のばしたりして体《からだ》を動《うご》かすメンズ。
何《なに》をしてるんですか？
Oh!?
ユイのママが腹筋《ふっきん》をはじめたのデース！
腹筋《ふっきん》するにはお腹《なか》の筋肉《きんにく》を動《うご》かす必要《ひつよう》がありマース
それがボクたちの仕事《しごと》デス！
ちぢむ
ペラペラ
ペラペラ

筋肉《きんにく》のお仕事《しごと》

歩《ある》いたり、物《もの》を持《も》ち上《あ》げたりできるのは、ボクたちのおかげネ。このとき使《つか》う筋肉《きんにく》を「骨格筋《こっかくきん》」といいマス。骨《こっ》格筋《かくきん》がのびちぢみして、パワーが出《で》るのデース。

物《もの》を持《も》ち上《あ》げると……

骨格筋《こっかくきん》がちぢむ

物《もの》をおろすと……

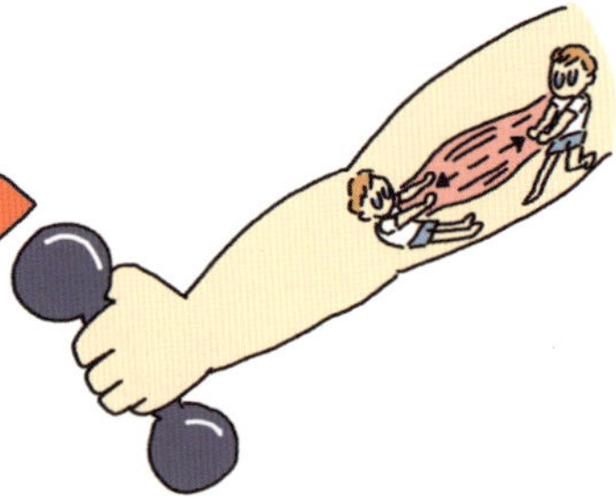

骨格筋《こっかくきん》がのびる

骨格筋《こっかくきん》のほかに、心臓《しんぞう》や内臓《ないぞう》を動《うご》かしている筋肉《きんにく》もありマス！

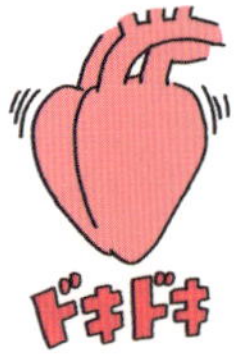

心筋《しんきん》

心臓《しんぞう》を動《うご》かしている筋《きん》肉《にく》。ポンプのように動《うご》いて、血液《けつえき》を送《おく》り出《だ》す。

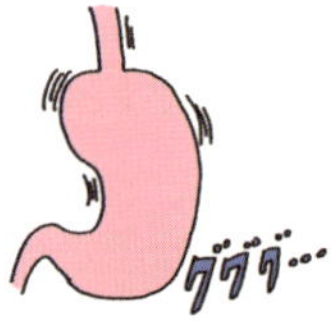

平滑筋《へいかつきん》

胃《い》や腸《ちょう》を動《うご》かしている筋《きん》肉《にく》。意識《いしき》しなくても、勝《かっ》手《て》に動《うご》いてくれる。

ゴクゴクゴク
つかれたよ
ふう
ちょっと栄養《えいよう》はきゅうネ
栄養《えいよう》が足《た》りないなら
脂肪《しぼう》を使《つか》えよ！
ズイッ
脂
No〜
今《いま》は脂肪《しぼう》はいりまセーン！
脂肪《しぼう》は
エネルギーになるのに
とても時間《じかん》かかりマス
脂
じゃあずっと
へらない
だろ!?
脂
これを使《つか》うのは
とてもロングな時間《じかん》
動《うご》くときだけ
脂
ロングな
時間《じかん》……？
ピクッ
ヒラメ
きました
ユイさんのお母《かあ》さんがやせないのは
運動《うんどう》の方法《ほうほう》が
よくなかったんですよ!
ズバッ
方法《ほうほう》？

無酸素運動《むさんそうんどう》と有酸素運動《ゆうさんそうんどう》のちがい

運動《うんどう》は、体《からだ》の動《うご》かし方《かた》によって「無酸素運動《むさんそうんどう》」と「有酸素《ゆうさんそ》運動《うんどう》」に分《わ》かれます。それぞれ使《つか》われる栄養《えいよう》がちがうんです。

無酸素運動《むさんそうんどう》

50m走《そう》や筋力《きんりょく》トレーニングなど、短《みじか》い時間《じかん》で、はげしく動《うご》く運動《うんどう》。筋肉《きんにく》の中《なか》にある栄養《えいよう》だけが使《つか》われる。

NO
脂

→ **脂肪《しぼう》がへらずやせにくい!**

有酸素運動《ゆうさんそうんどう》

水泳《すいえい》やジョギングなど、長《なが》い時間《じかん》、ゆっくり動《うご》く運《うん》動《どう》。筋肉《きんにく》の中《なか》の栄養《えいよう》だけでなく、脂肪《しぼう》も使《つか》われる。

→ **脂肪《しぼう》がへってやせる!**

探偵《たんてい》たちはふたたび脂肪《しぼう》オカンに会《あ》いに行《い》った
ちなみに運動以外《うんどういがい》でやせる方法《ほうほう》はありませんか?
えー!
せっかくためたのに使《つか》っちゃうん?
これは返《かえ》すぞ!
脂

ためしてみたら？

脂肪《しぼう》オカンが教《おし》える 食事《しょくじ》ダイエットのコツ

ウチがためた脂肪《しぼう》をどうしても使《つか》いたいなら、これぐらいしたらええんちゃう？　でも、脂肪《しぼう》が少《すく》なすぎると体《からだ》に悪《わる》いから、へらしすぎには用心《ようじん》してな！

朝《あさ》にたくさん食《た》べる

朝《あさ》食《た》べないと、お腹《なか》がへって、ついおやつを食《た》べてまう。逆《ぎゃく》に夜《よる》はねるだけで、脂肪《しぼう》がたまりやすいから、夕飯《ゆうはん》は食《た》べすぎたらアカン。

野菜《やさい》を先《さき》に食《た》べる

野菜《やさい》の栄養《えいよう》はほとんど脂肪《しぼう》にならへんし、お肌《はだ》にもええわ！　必要《ひつよう》以上《いじょう》の栄養《えいよう》が体《からだ》に吸収《きゅうしゅう》されるのを防《ふせ》いでくれる効果《こうか》もあんねんで。

食事《しょくじ》はぬかない

お腹《なか》がすいた状態《じょうたい》で食事《しょくじ》をすると、栄養《えいよう》が一気《いっき》に吸収《きゅうしゅう》されて、逆《ぎゃく》に太《ふと》りやすくなってしまうんや。毎食《まいしょく》、きちんと食《た》べるのが大切《たいせつ》やね。

調《ちょう》査《さ》報《ほう》告《こく》書《しょ》

長沢《ながさわ》ユイ 様《さま》

ユイさんのお母《かあ》さんがやせないのは、運動《うんどう》の方法《ほうほう》に問題《もんだい》がありました。長《なが》く、ゆっくり動《うご》く運動《うんどう》に変《か》えてみてください。

ところで、江戸《えど》時代《じだい》より前《まえ》は、じゅうぶんな食《た》べ物《もの》が無《な》く、やせている人《ひと》がほとんどでした。そのため今《いま》とちがい、ふっくらしている人《ひと》のほうが「健康《けんこう》そう」と思《おも》われ、モテたといいます。

太《ふと》っているというなやみは、今《いま》の時代《じだい》特有《とくゆう》のものなのですね。

からだ探偵

キャラクターファイル

05

脂肪《しぼう》オカン

皮《ひ》ふの下《した》の脂肪細胞《しぼうさいぼう》で働《はたら》く、節約家《せつやくか》のキャラクター。

体《からだ》の中《なか》にあまった食《た》べ物《もの》の栄養《えいよう》を、脂《し》肪《ぼう》に変《か》えてためる。ためた脂肪《しぼう》は、栄養《えいよう》が足《た》りなくなったときに使《つか》われる。

栄養《えいよう》は
ためるものやで〜

生息地《せいそくち》

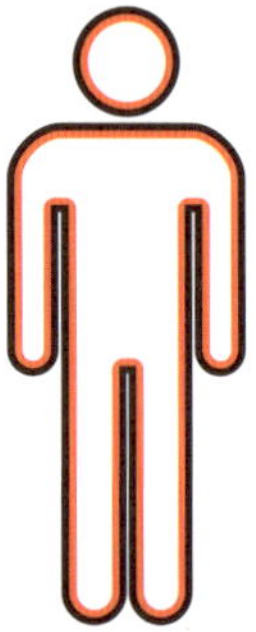

脂肪細胞《しぼうさいぼう》
全身《ぜんしん》の
皮《ひ》ふの下《した》

重《おも》さ

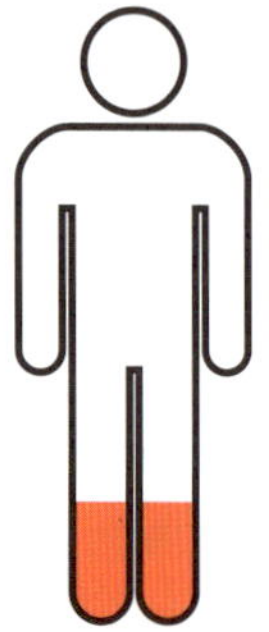

体重《たいじゅう》の
15〜20％
くらい

キャラクターファイル

06 筋肉《きんにく》メンズ

全身《ぜんしん》の筋肉《きんにく》を動《うご》かす、熱血《ねっけつ》なキャラクター。

物《もの》を持《も》ち上《あ》げたり、歩《ある》いたりするときに、筋肉《きんにく》をのびちぢみさせて体《からだ》を動《うご》かしている。全身《ぜんしん》の筋肉《きんにく》は約《やく》600種類《しゅるい》ある。

生息地《せいそくち》

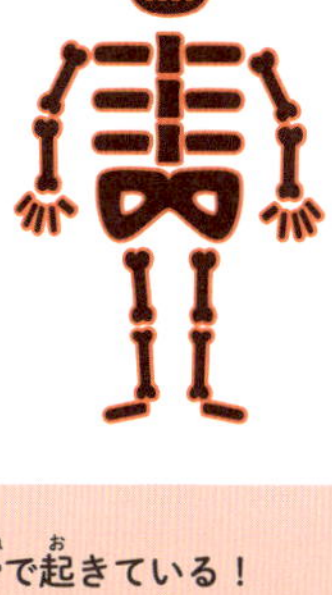

骨格筋《こっかくきん》
全身《ぜんしん》の骨《ほね》の
まわりなど

重《おも》さ

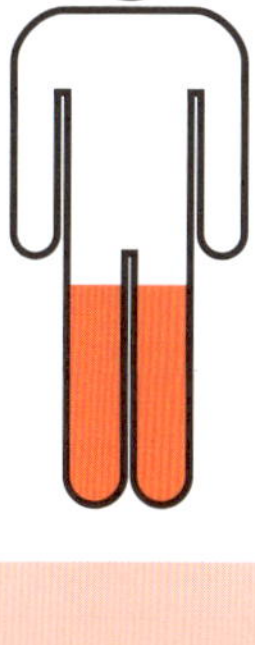

体重《たいじゅう》の
25〜35％
くらい

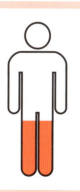

骨《ほね》のなぞ

のびない身長事件《しんちょうじけん》

子《こ》どもから大人《おとな》になるにつれて、骨《ほね》がのびたり、太《ふと》くなったりするのは、なぜでしょうか？

最近《さいきん》、身長《しんちょう》を測《はか》ると落《お》ちこみます。まわりの友達《ともだち》は、どんどん背《せ》が高《たか》くなっているのに、ぼくはぜんぜんのびないからです。

背《せ》が高《たか》い子《こ》と同《おな》じくらい食《た》べているのに、どうして体《からだ》の大《おお》きさがちがうんでしょうか？　このまま身長《しんちょう》が止《と》まってしまうかもと思《おも》うと、不安《ふあん》でため息《いき》ばかり出《で》ます。

鈴本《すずもと》マコト

マコトの体《からだ》の中《なか》―――
スタスタスタ
さ〜て
今日《きょう》も骨《ほね》を
ぶっこわすか！
!?
確保《かくほ》ーーッ！
あやしいな
おまえ！
えっ
!?
見張《みは》ってたかいがあるぜ
ヒラメきました
これやってみたかったんだよな
ドーン
マコトの背《せ》がのびないのは
おまえが骨《ほね》を
こわしていたからだな！
決《き》まった!!
それは
誤解《ごかい》ですよ
えっ…？
やれやれ

ちょっとキミ！
うちの弟《おとうと》に何《なに》してくれてんのよ！
どういうことだ…
あたしたちはコツガとハコツ！
骨《ほね》をつくる職人《しょくにん》の姉弟《きょうだい》だよ！
骨職人《ほねしょくにん》コツガ（姉《あね》）&ハコツ（弟《おとうと》）
匠《たくみ》のわざで、骨《ほね》の建築《けんちく》や修理《しゅうり》、リフォームを行《おこな》う。
で でも さっき骨《ほね》をぶっこわすって……
おれは見《み》たんだ！
これだからしろうとは……
骨《ほね》をじょうぶにたもつにはこわすことも必要《ひつよう》なんだよ！

骨《ほね》のしくみ

骨《ほね》は、体《からだ》をささえるために、とてもかたくできているの。

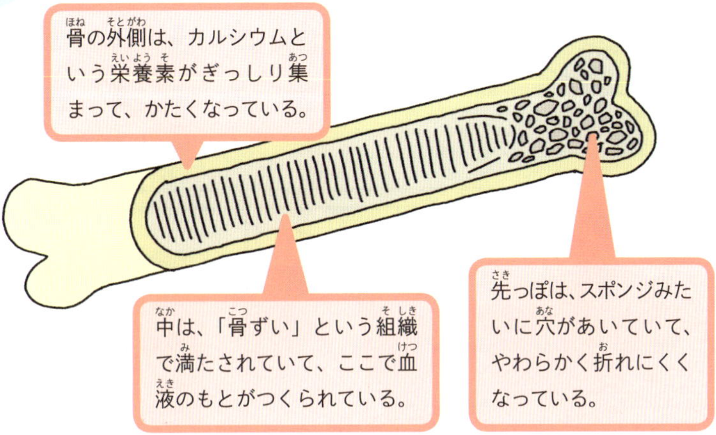

骨《ほね》の外側《そとがわ》は、カルシウムという栄養素《えいようそ》がぎっしり集《あつ》まって、かたくなっている。
中《なか》は、「骨《こつ》ずい」という組織《そしき》で満《み》たされていて、ここで血《けつ》液《えき》のもとがつくられている。
先《さき》っぽは、スポンジみたいに穴《あな》があいていて、やわらかく折《お》れにくくなっている。

でもずっと同《おな》じ骨《ほね》のままだと、古《ふる》びてもろくなってしまう。だからぼくたちが、少《すこ》しずつ新《あたら》しくしているんだ。

ガン
ガン
ぬり
ぬり

骨《ほね》の古《ふる》くなった部分《ぶぶん》をハコツがこわす。

コツガがカルシウムを集《あつ》めて、こわした部分《ぶぶん》に新《あたら》しい骨《ほね》をつくる。

そ　そうだったのか……
かんちがいして悪《わる》かったな！

じゃあ 背《せ》がのびない原因《げんいん》は 一体何《いったいなん》だ？
？ ？ ？ ？
それは骨《ほね》の中《なか》を 見《み》ればわかるわ
ギィ〜〜
ささ、どうぞ
それでは えんりょなく
ワクワクしますね
あれ!?
ヒョイ
おや やわらかそうな かべがありますね
どんっ
うわっ 何《なに》コレ……
これは骨《ほね》になる前《まえ》の細胞《さいぼう》！ つまり 骨《ほね》をつくる材料《ざいりょう》さ
じつは 最近材料《さいきんざいりょう》が 足《た》りなくて 骨《ほね》をのばせない のよね〜
イヤんなっちゃう
フム…
？ ？

骨《ほね》が成長《せいちょう》するしくみ

骨《ほね》をつくる材料《ざいりょう》を増《ふ》やすには、脳《のう》から出《で》る「成長《せいちょう》ホルモン」が必要《ひつよう》なの。

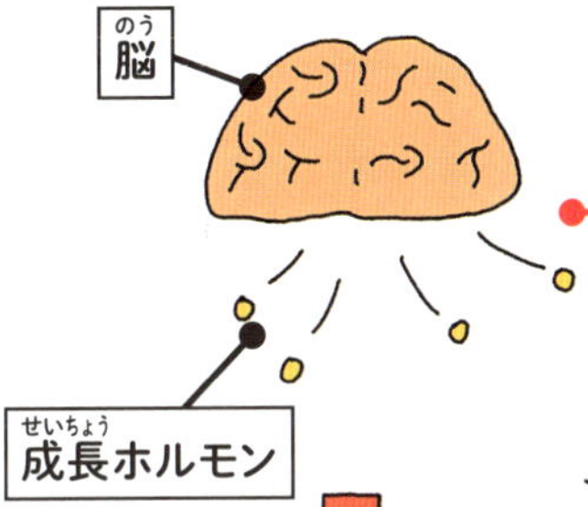

1

成長《せいちょう》ホルモンは、体《からだ》を大《おお》きくするきっかけとなる物質《ぶっしつ》。脳《のう》でつくられたあと、血管《けっかん》を通《つう》じて全身《ぜんしん》に運《はこ》ばれる。

2

骨《ほね》の先《さき》にとどいた成長《せいちょう》ホルモンは、骨《ほね》になる前《まえ》のやわらかい細胞《さいぼう》を刺激《しげき》して、どんどん増《ふ》やしていく。

3

骨《ほね》になる前《まえ》の細胞《さいぼう》を材料《ざいりょう》にして、新《あたら》しい骨《ほね》がつくられる。

こうして骨《ほね》がのびていく！

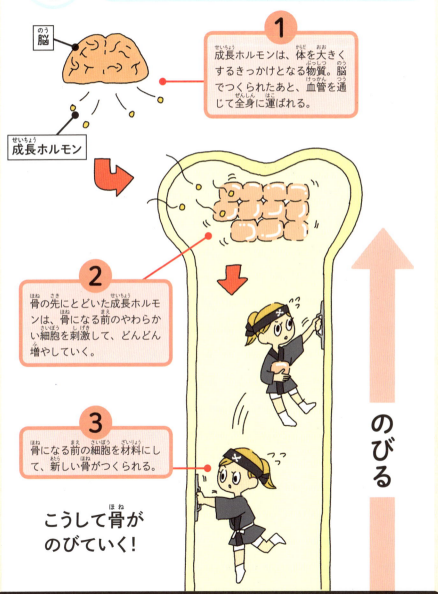

なるほど
つまり背《せ》がのびない原因《げんいん》は成長《せいちょう》ホルモンが足《た》りていないことだったんですね!
材料《ざいりょう》が無《な》けりゃ骨《ほね》をつくるのは無理《むり》だよな〜
そのとおり! でも 背《せ》をのばすにはほかにも栄養《えいよう》が必要《ひつよう》よ
よく聞《き》いとけよおチビさん?
なっ…
それでどんな栄養《えいよう》がいるんですか?
チビじゃない!!!

ためしてみたら？

骨職人《ほねしょくにん》コツガが教《おし》える

じょうぶな骨《ほね》をつくるコツ

背《せ》をのばしたいなら、まずは大《おお》きくなっても折《お》れないように、じょうぶな骨《ほね》をつくらないとね！

カルシウムをとる

カルシウムは、骨《ほね》の材料《ざいりょう》になる大切《たいせつ》な栄養《えいよう》なの。小魚《こざかな》やひじき、牛乳《ぎゅうにゅう》なんかをたくさん食《た》べたり飲《の》んだりするといいわ。

ビタミンD《ディー》をとる

ビタミンD《ディー》は、カルシウムが体《からだ》に吸収《きゅうしゅう》されるのを助《たす》けてくれるのよ。しらすやしいたけ、卵《たまご》の黄身《きみ》なんかがおすすめね！

毎日《まいにち》1時間《じかん》は運動《うんどう》する

ビタミンD《ディー》は、太陽《たいよう》の光《ひかり》をあびることでも体《からだ》の中《なか》につくられるの。それに運動《うんどう》すると、成長《せいちょう》ホルモンも出《で》やすくなるわよ！

調査報告書《ちょうさほうこくしょ》

鈴本《すずもと》マコト 様《さま》

どうすれば背《せ》がのびるのかは、まだわかっていないことも多《おお》いようです。両親《りょうしん》の背《せ》が低《ひく》くても大《おお》きくなる人《ひと》もいますし、国《くに》によっても体《からだ》の大《おお》きさがちがいます。大人《おとな》の男性《だんせい》の平均身長《へいきんしんちょう》は、日本《にほん》では171㎝ですが、オランダは182㎝、インドネシアは158㎝だそうです。

……という話《はなし》を助手《じょしゅ》くんにしたら、「オランダに行《い》く！」と言《い》い残《のこ》して出《で》て行《い》ってしまいました。

からだ探偵

生息地《せいそくち》

骨芽細胞《こつがさいぼう》
破骨細胞《はこつさいぼう》
全身《ぜんしん》の骨《ほね》の中《なか》

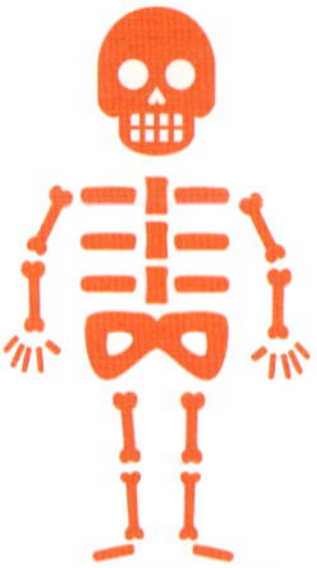

重《おも》さ

体重《たいじゅう》の
15～20％
ぐらい

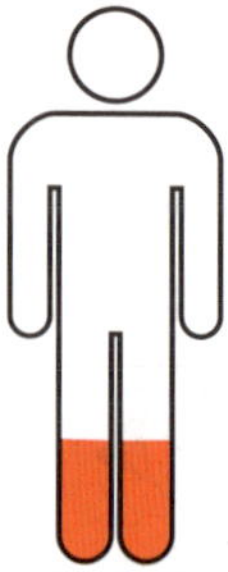

これが自慢《じまん》

健康《けんこう》な骨《ほね》は鉄《てつ》よりもかたくて強《つよ》い！

物《もの》のかたさを測《はか》る機械《きかい》で調《しら》べると、鉄《てつ》や真珠《しんじゅ》のかたさが「4」なのに対《たい》し、骨《ほね》は「4～5」くらいになる。ちなみに体《からだ》の中《なか》でいちばんかたいのは歯《は》で、かたさは「7」。なんとガラスよりかたいのだ。

意外《いがい》な一面《いちめん》

骨《ほね》の数《かず》は子《こ》どもと大人《おとな》でぜんぜんちがう

赤《あか》ちゃんのときは、全身《ぜんしん》に350個《こ》くらいの骨《ほね》がある。ところが大人《おとな》になるにつれて、骨《ほね》どうしがどんどんつながっていく。そのため最終的《さいしゅうてき》には、200個《こ》ぐらいになってしまうのだ。

キャラクターファイル

07

骨職人《ほねしょくにん》
コツガ&ハコツ

骨《ほね》の中《なか》で働《はたら》く、いせいのいいキャラクター。

体《からだ》をささえたり、守《まも》ったりする骨《ほね》が、もろくならないように新《あたら》しくつくりかえている。大体《だいたい》10年《ねん》で、ぜんぶの骨《ほね》が新《しん》品《ぴん》に生《う》まれ変《か》わる。

こわして、つくる これ基本《きほん》

皮《ひ》ふのなぞ

日焼《ひや》けでヒリヒリ事件《じけん》

太陽《たいよう》の光《ひかり》を長《なが》い時間《じかん》あびていると、なぜ肌《はだ》がヒリヒリと痛《いた》んだり黒《くろ》くなったりするのでしょうか？

この前《まえ》、海《うみ》に遊《あそ》びに行《い》ったときに、ひどい目《め》にあいました。背中《せなか》や腕《うで》が、日焼《ひや》けしてまっ赤になってしまったのです……！　しかも、ヒリヒリ痛《いた》くて、かなりテンションが下《さ》がりました。

このあと、肌《はだ》が黒《くろ》くならないか心《しん》配《ぱい》でたまりません。そもそも、なんで日焼《ひや》けなんてするんでしょうか？

原田《はらだ》ユリナ

探偵《たんてい》たちは、ユリナの腕《うで》の皮《ひ》ふに潜入《せんにゅう》していた
ジリジリ
あちぃ〜
夏《なつ》ですしね 今日《きょう》は日差《ひざ》しがとくに強《つよ》いみたいです
え〜っっ
これじゃ黒《くろ》コゲになっちまうよ〜
ヌッ
カンベンしてくれ〜
うわっ だれだおまえ!?
おれ メラノ族《ぞく》 おまえらここで何《なに》してる?
日焼《ひや》けでヒリヒリする原因《げんいん》を探《さぐ》りにきたのですが……
あっ暑《あつ》いから早《はや》く教《おし》えてくれ!
メラノ族《ぞく》
太古《たいこ》から皮《ひ》ふを守《まも》り続《つづ》ける部族《ぶぞく》。
めったに人前《ひとまえ》にすがたを見《み》せない。
痛《いた》いのは敵《てき》に皮《ひ》ふがきずつけられたからだ

ダメージレベル1★☆☆

皮《ひ》ふの外側《そとがわ》がきずつくと、赤《あか》くなって、少《すこ》しヒリヒリと痛《いた》む。このていどなら、ほうっておいても、キレイに元《もと》どおりになる。

ダメージレベル2★★☆

きずが深《ふか》くなると、ズキズキと強《つよ》い痛《いた》みが出《で》るほか、水《みず》ぶくれになったりする。きずは治《なお》るが、あとが残《のこ》ることもある。

ダメージレベル3★★★

きずがさらに深《ふか》くなると、皮《ひ》ふの組織《そしき》が死《し》んで、自然《しぜん》には元《もと》にもどらない。きず口《ぐち》から菌《きん》が入《はい》って、病気《びょうき》になってしまうので、手術《しゅじゅつ》でふさぐ必要《ひつよう》がある。

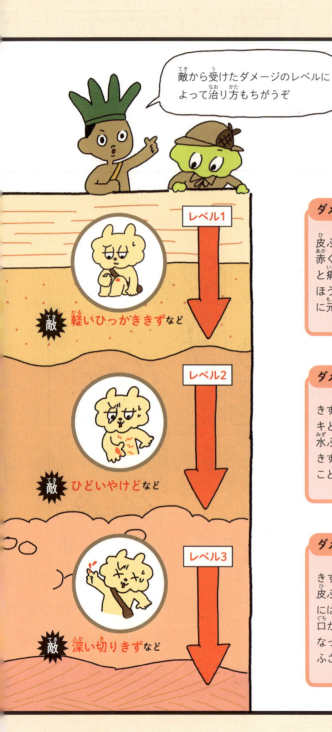

皮《ひ》ふのしくみ

皮《ひ》ふは、体《からだ》を守《まも》るシールドだ。悪《わる》さをする菌《きん》や、毒《どく》などの敵《てき》が、体《からだ》の中《なか》に入《はい》るのをふせいでいる。

皮《ひ》ふの外側《そとがわ》は、いつも古《ふる》いものから新《あたら》しいものに交《こう》かんされている。古《ふる》くなった表面《ひょうめん》の皮《ひ》ふは、自然《しぜん》とはがれ落《お》ちる。

皮《ひ》ふの真《ま》ん中《なか》には、汗《あせ》を出《だ》す「汗腺《かんせん》」という器官《きかん》がある。暑《あつ》いときに汗《あせ》を出《だ》すことで、体温《たいおん》を下《さ》げている。さらに、痛《いた》みや熱《ねつ》を感《かん》じる器官《きかん》もある。

皮《ひ》ふの内側《うちがわ》には、ぶあつい脂肪《しぼう》があり、何《なに》かとぶつかったときのダメージや、暑《あつ》さ、寒《さむ》さをやわらげている。さらに内側《うちがわ》には筋肉《きんにく》がある。

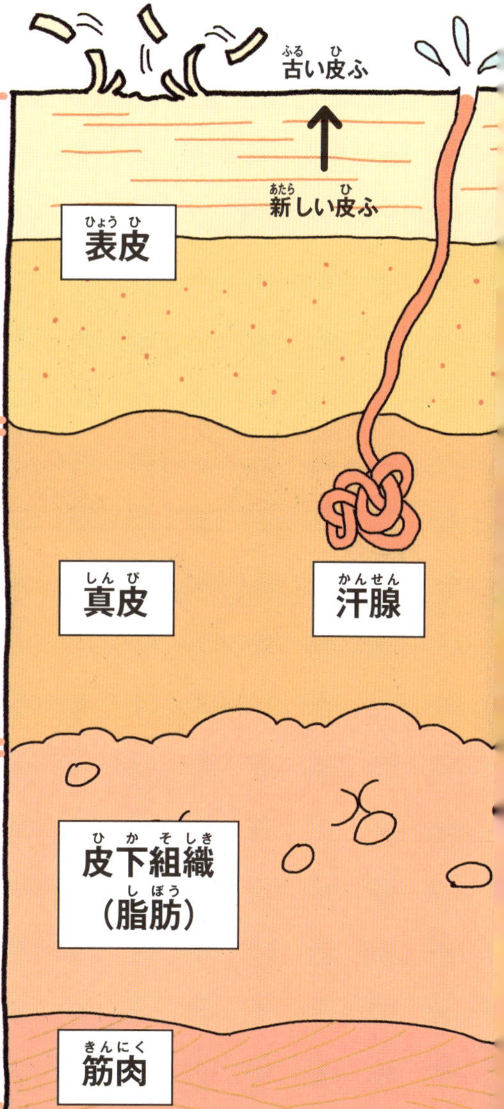

でも敵《てき》なんて
どこにも
いないぞ？
ジリジリ
ジリジリ…
ていうか
とけるぞ…
シュウウウウウウウ…
ん？
痛《いた》っ！
グサッ
何《なに》コレ?!
いけない！
それは
紫外線《しがいせん》だ
紫外線《しがいせん》が
おしりに
ささった…？
ピクッ…
ヒラメ
きました
皮《ひ》ふをきずつける
敵《てき》の正体《しょうたい》は……
この紫外線《しがいせん》
ですよ！
ハハハ…
ひらめいてる
場合《ばあい》じゃ
ないだろ～！
プスッ
わあぁ～

意外《いがい》とこわい太陽《たいよう》の光《ひかり》

太陽《たいよう》の光《ひかり》にふくまれている「紫外《しがい》線《せん》」は、皮《ひ》ふをきずつけてこわしてしまいます。さらに、長《なが》い時間《じかん》太陽《たいよう》の光《ひかり》をあびると、皮《ひ》ふの表面《ひょうめん》がかわいて死《し》んでしまうのです。

日焼《ひや》けすると皮《ひ》ふが黒《くろ》くなる理由《りゆう》

皮《ひ》ふが黒《くろ》くなるのは、紫外線《しがいせん》から、皮《ひ》ふを守《まも》るため。

紫外線《しがいせん》が入《はい》ってくると、メラノ族《ぞく》が皮《ひ》ふを守《まも》るために「メラニン色素《しきそ》」をつくり出《だ》す。

メラニン色素《しきそ》は、一度《いちど》つくられると皮《ひ》ふの表面《ひょうめん》にくっついてはなれない。そのため、皮《ひ》ふが黒《くろ》くなったように見《み》える。

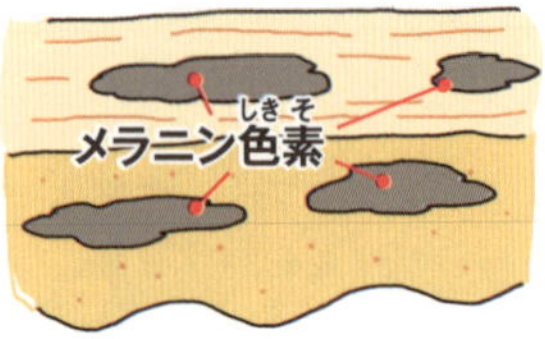

ためしてみたら？

メラノ族《ぞく》が教《おし》える

美肌《びはだ》をたもつ秘術《ひじゅつ》

皮《ひ》ふの健康《けんこう》を守《まも》るには、お手入《てい》れがとっても大切《たいせつ》！　皮《ひ》ふが強《つよ》くなれば、病気《びょうき》にもなりにくくなるぞ。キレイにもなるし、いいことづくしだ。

日焼《ひや》け止《ど》めをぬる

日焼《ひや》け止《ど》めには、紫外線《しがいせん》をはじく効果《こうか》がある。日焼《ひや》けをしたら、氷《こおり》などで冷《ひ》やすと、早《はや》くよくなる。

体《からだ》を洗《あら》いすぎない

洗《あら》いすぎると、皮《ひ》ふがきずついたり、かんそうしたりして、あれてしまう。あんまりゴシゴシするの、よくない。

大豆《だいず》を食《た》べる

大豆《だいず》には、皮《ひ》ふを元気《げんき》にする栄養《えいよう》がたくさんある。納豆《なっとう》や豆腐《とうふ》入《い》りのみそ汁《しる》なんかが、おすすめ！

調査報告書《ちょうさほうこくしょ》

原田《はらだ》ユリナ様《さま》

日焼《ひや》けで黒《くろ》くなるのは、メラニン色素《しきそ》が原因《げんいん》だとわかりました。

じつは、人種《じんしゅ》によって肌《はだ》の色《いろ》がちがうのもこのためで、メラニン色素《しきそ》のつくられる量《りょう》が黒人系《こくじんけい》の人《ひと》は多《おお》く、白人系《はくじんけい》の人《ひと》は少《すく》ないのだそうです。

わたしはよく「顔色《かおいろ》がヤバい」といわれるので、わざと日焼《ひや》けしたことがあるのですが、なぜか小《こ》麦色《むぎいろ》ではなくむらさき色《いろ》になってしまいました。とても残念《ざんねん》です。

からだ探偵

生息地《せいそくち》

メラノサイト
全身《ぜんしん》の
皮《ひ》ふの中《なか》など

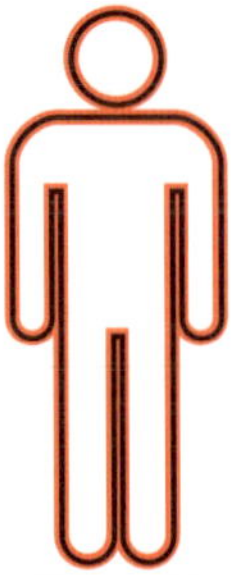

生息数《せいそくすう》

1㎠あたり
15万《まん》～20万個《まんこ》

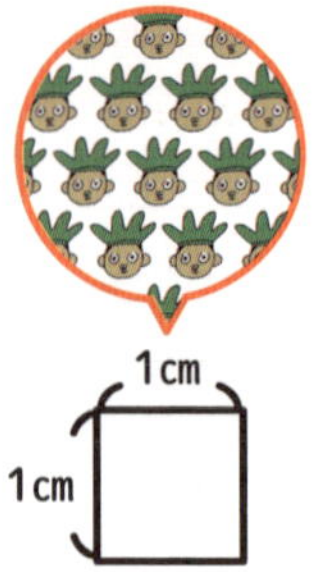

これが自慢《じまん》

メラニンは
かみの毛《け》も黒《くろ》く
そめている！

じつは、かみの毛《け》にはもともと色《いろ》がついていない。毛《け》が黒《くろ》いのは、メラニン色素《しきそ》が黒《くろ》くそめているからなのだ。また、年《とし》をとると白髪《しらが》になるのは、メラニン色素《しきそ》が出《で》なくなってしまうからだ。

これが苦手《にがて》

何回《なんかい》も
日焼《ひや》けをすると
シミになる…

日焼《ひや》けで肌《はだ》が黒《くろ》くなっても、ふつうはすぐに元《もと》の色《いろ》にもどる。しかし、長《なが》い間太陽《あいだたいよう》の光《ひかり》をあびていると、メラニン色《しき》素《そ》が出《で》すぎて皮《ひ》ふのおくにこびりついてしまう。これが「シミ」である。

キャラクターファイル

08

メラノ族《ぞく》

皮《ひ》ふのメラノサイト（色素細胞《しきそさいぼう》）で、もくもくと体《からだ》を守《まも》るキャラクター。

皮《ひ》ふをきずつける紫外線《しがいせん》から、体《からだ》を守《まも》る。メラニン色素《しきそ》をたくさん出《だ》して、紫《し》外線《がいせん》が中《なか》に入《はい》らないようにしている。

きている!

第《だい》3章《しょう》

事件《じけん》は脳《のう》で起《お》

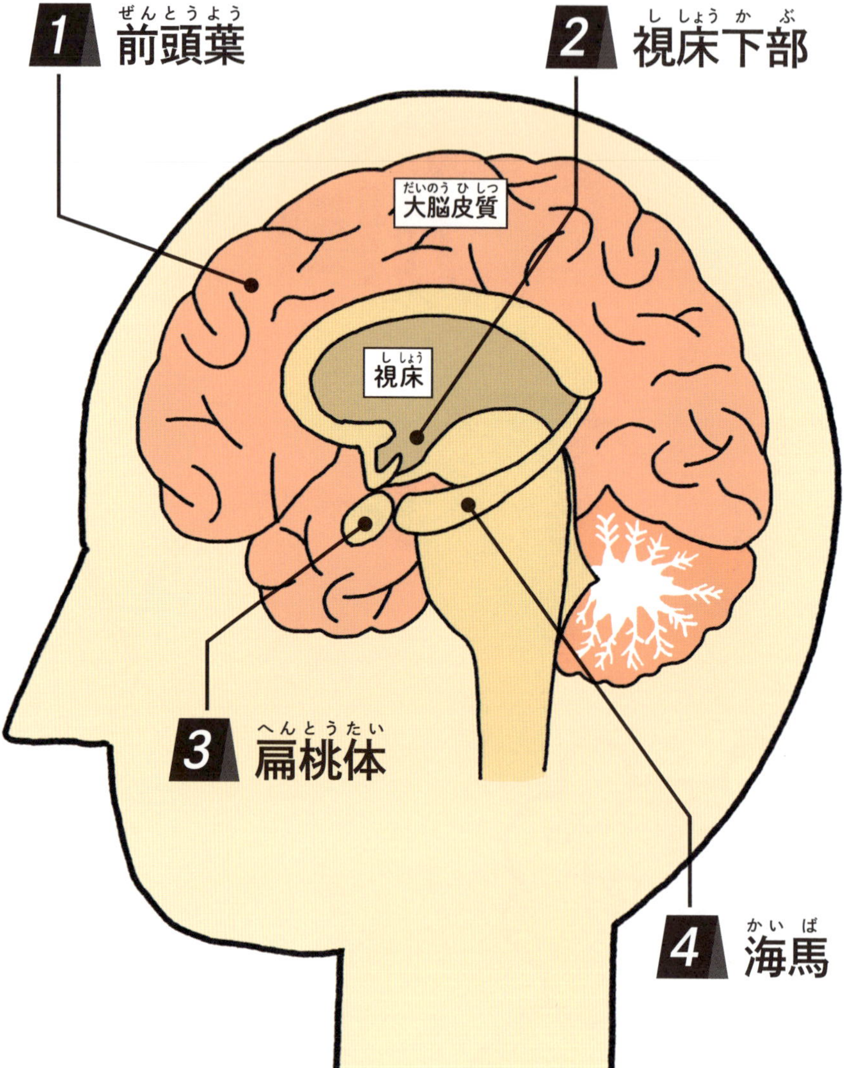
1 前頭葉《ぜんとうよう》
2 視床下部《ししょうかぶ》
大脳皮質《だいのうひしつ》
視床《ししょう》
3 扁桃体《へんとうたい》
4 海馬《かいば》

今回《こんかい》の事件現場《じけんげんば》 脳《のう》

脳《のう》は、体中《からだじゅう》から集《あつ》まる情報《じょうほう》を整理《せいり》して、体《からだ》や心《こころ》の調子《ちょうし》をコントロールしています。わたしたちがいろいろなことを考《かんが》えたり、覚《おぼ》えたりできるのは、脳《のう》の働《はたら》きのおかげなのです。

1 前頭葉《ぜんとうよう》 → p112〜121

物《もの》を考《かんが》えたり、何《なに》かを判断《はんだん》したりするときに働《はたら》く。また、「コップを手《て》でつかむ→水《みず》を飲《の》む」など、動作《どうさ》の順番《じゅんばん》を決《き》めて、体《からだ》が動《うご》くように指示《しじ》もしている。脳《のう》の「大脳皮質《だいのうひしつ》」という場所《ばしょ》の、前《まえ》のほうにある。

2 視床下部《ししょうかぶ》 → p92〜101

外《そと》の状況《じょうきょう》や体《からだ》の動《うご》きに合《あ》わせて、体温《たいおん》を調節《ちょうせつ》したり、心臓《しんぞう》や呼吸《こきゅう》をちょうどいいスピードにたもったりするなど、体内《たいない》の動《うご》きをコントロールしている。脳《のう》のおくにある「視床《ししょう》」という場所《ばしょ》の下《した》にある。

3 扁桃体《へんとうたい》 → p112〜121

喜《よろこ》ぶ、怒《おこ》るといった、わたしたちの感情《かんじょう》を生《う》み出《だ》すことに深《ふか》くかかわっている。危険《きけん》を感《かん》じとって「逃《に》げろ」と体《からだ》に命令《めいれい》することもある。また、物事《ものごと》や食《た》べ物《もの》の「好《す》ききらい」も、扁桃体《へんとうたい》が決《き》めている。視床下部《ししょうかぶ》の下《した》にある。

4 海馬《かいば》 → p102〜111

目《め》や耳《みみ》などから入《はい》ってきた大量《たいりょう》の情報《じょうほう》を整理《せいり》して、いらないものは消《け》し、大切《たいせつ》なものは記憶《きおく》している。とくに大切《たいせつ》な情報《じょうほう》は、海馬《かいば》から大脳皮質《だいのうひしつ》に送《おく》られて、長《なが》い期間記憶《きかんきおく》される。扁桃体《へんとうたい》のすぐとなりにある。

睡眠《すいみん》のなぞ

朝《あさ》のねむさがつらすぎる事件《じけん》

人《ひと》はふつう夜《よる》にねます。でも、たまに夜《よる》にねむれなかったり、朝《あさ》にねむたくなったりするのは、なぜでしょうか?

朝《あさ》起《お》きるのって、何《なん》であんなにつらいんですか? 学校《がっこう》はきらいじゃないけど、ずっとねむっていられたら最高《さいこう》だなって思《おも》います。

でも、なかなかベッドから出《で》ないと、お母《かあ》さんがキレます。社《しゃ》会《かい》ってきびしいですね。これ以上《いじょう》しかられたくないので、スッキリ起《お》きられるようにしてください。

渡辺《わたなべ》リョウ

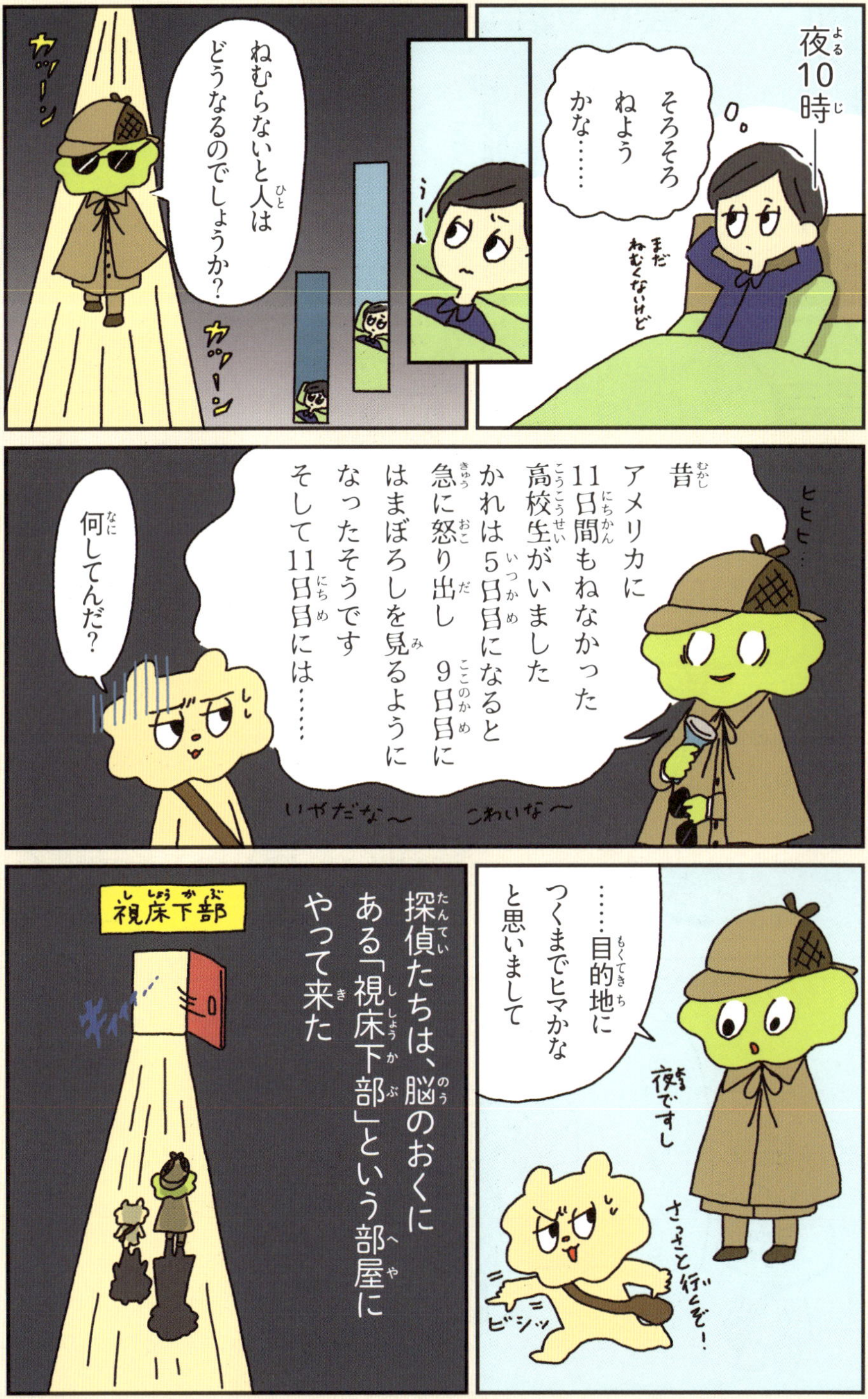
夜《よる》10時《じ》——
そろそろねようかな……
まだねむくないけど
うーん
ねむらないと人《ひと》はどうなるのでしょうか?
カツーン
カツーン
ヒヒヒ…
昔《むかし》アメリカに11日間《にちかん》もねなかった高校生《こうこうせい》がいました かれは5日目《いつかめ》になると急《きゅう》に怒《おこ》り出《だ》し 9日目《ここのかめ》にはまぼろしを見《み》るようになったそうです そして11日目《にちめ》には……
何《なに》してんだ?
いやだな〜 こわいな〜
……目的地《もくてきち》につくまでヒマかなと思いまして
夜《よる》ですし
さっさと行くぞ!
ビシッ
探偵《たんてい》たちは、脳《のう》のおくにある「視床下部《ししょうかぶ》」という部屋《へや》にやって来《き》た
視床下部《ししょうかぶ》
ギィィ…

視床下部《ししょうかぶ》の中《なか》——
体内時計《たいないどけい》
「体《からだ》の中《なか》の時間《じかん》」を決《き》める時計《とけい》。脳《のう》や内臓《ないぞう》が動《うご》くリズムにかかわっている。
チクタク
チクタク
ほほう
これがうわさの体内時計《たいないどけい》ですか
おい何《なに》をひとりで納得《なっとく》してるんだ?
じつはですねー
わたしが事前《じぜん》に調《しら》べたところ——
ワシに何《なに》か用《よう》かな!?
視床下部師匠《ししょうかぶししょう》
体内時計《たいないどけい》の番人《ばんにん》。愛用《あいよう》のタンバリンで体《からだ》を活発《かっぱつ》にしたり、リラックスさせたりする。
おぬしら
何者《なにもの》だ?!
バーン
もしやワシの体内時計《たいないどけい》をうばいに来《き》たのか!?
それとも弟子《でし》になりたいのか?
いえ むしろ心配《しんぱい》で見《み》に来《き》たんですよ
心配《しんぱい》…?

体内時計《たいないどけい》と視床下部《ししょうかぶ》の関係《かんけい》

視床下部師匠《ししょうかぶししょう》は、体内時計《たいないどけい》が指《さ》す時間《じかん》に合《あ》わせて、体《からだ》の動《うご》きをコントロールしています。

体内時計《たいないどけい》が朝《あさ》だと……

血圧《けつあつ》や体温《たいおん》を上《あ》げ、
体《からだ》を活動的《かつどうてき》にする。

体内時計《たいないどけい》が夜《よる》だと……

血圧《けつあつ》や体温《たいおん》を下《さ》げ、
体《からだ》を休《やす》ませる。

そのため、もしも体《たい》内時計《ないどけい》が、外《そと》の時間《じかん》とズレてしまうと、困《こま》ったことが起《お》きてしまうのです。

朝《あさ》なのに起《お》きられない

夜《よる》なのにねむれない

というわけで
リョウくんの体内《たいない》時計《どけい》を
見《み》てください
13:00
あれっ!?
外《そと》は夜《よる》なのに
昼《ひる》の1時《じ》になってる!
そのとお~り!
まだまだねさせんぞ!
テンション
アゲアゲじゃい!
パーリーナイト
うるさ~い
体《からだ》の外《そと》は
夜《よる》10時《じ》なのに
どうしてこんなに
時差《じさ》が?
う~む
体内《たいない》時計《どけい》を
くるわせた原因《げんいん》が
どこかにあるはず…
む、あれは…
13:00
外《そと》の明《あか》るさをしめす
メーターが昼《ひる》の方《ほう》に
動《うご》いている…?
ハッ!
ヒラメ
きました

体内時計《たいないどけい》がくるう理由《りゆう》

体内時計《たいないどけい》の時間《じかん》は、目《め》から入《はい》ってくる光《ひかり》の量《りょう》で変《か》わります。だから夜《よる》にスマートフォンの明《あか》るい光《ひかり》をあびると、体内時計《たいないどけい》がくるってしまうのです。

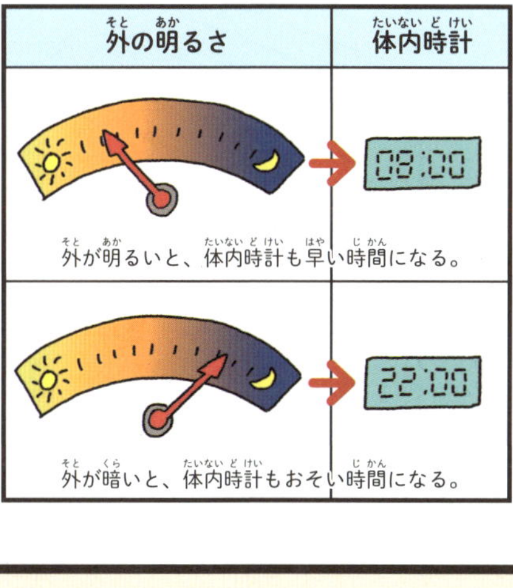

外《そと》が明《あか》るいと、体内時計《たいないどけい》も早《はや》い時間《じかん》になる。

外《そと》が暗《くら》いと、体内時計《たいないどけい》もおそい時間《じかん》になる。

スマホの光《ひかり》で体内時計《たいないどけい》がくるい、視床下部師匠《ししょうかぶししょう》が混乱《こんらん》する。

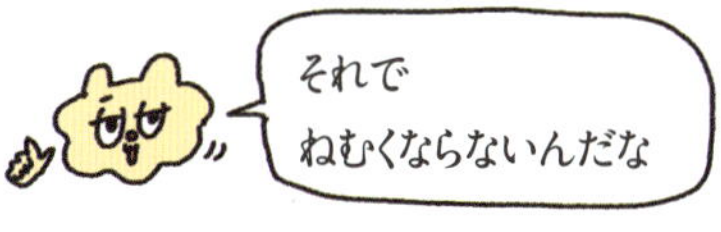

で　どうすれば時間《じかん》を正《ただ》しくもどせるんだ!?
バンッ
バンッ
うるさいのでしばられた
たたいてもムダじゃよ
ツーン
プイッ
直《なお》す方法《ほうほう》を教《おし》えてもらえませんか?
いやじゃ
弟子《でし》になりますから……師匠《ししょう》!
し、師匠《ししょう》じゃと…!?
くわっ
ドキッ…
仕方《しかた》ないのう……
なるほど～
フム…
フム…
ゴニョ
ゴニョ
ゴニョ
翌朝《よくあさ》――
チュン
チュン
んー
あれっ?
今日《きょう》はスッキリ起《お》きられたぞ!
うまくいきましたね
07:00
カーテンしめてねた気《き》がするけど…

ためしてみたら？

視《し》床《しょう》下《か》部《ぶ》師《し》匠《しょう》の スッキリお目《め》覚《ざ》め道場《どうじょう》

朝《あさ》スッキリ起《お》きたければ、太陽《たいよう》の光《ひかり》をあびることじゃ。体内時計《たいないどけい》のズレが直《なお》って活動《かつどう》モードになるぞ。ほかにも、こんなワザがあるぞ。

○ 一本《いっぽん》！

起《お》きたらすぐ体《からだ》を動《うご》かせ！

ベッドの中《なか》でストレッチするだけでも効果《こうか》ありじゃ。

× 喝《かつ》ッ！

夜《よる》にコーヒーを飲《の》むな！

カフェインという物質《ぶっしつ》で脳《のう》がこうふんして、ねむれなくなるのじゃ。

○ 一本《いっぽん》！

好《す》きなにおいをかぐべし！

光《ひかり》や音《おと》だけでなく、においでも脳《のう》に刺激《しげき》をあたえるのじゃ。

× 喝《かつ》ッ！

ねる直前《ちょくぜん》に食《た》べてはならぬ！

胃《い》や腸《ちょう》が食《た》べ物《もの》の消化《しょうか》で休《やす》まらず、ねむりが浅《あさ》くなるぞ。

調《ちょう》査《さ》報《ほう》告《こく》書《しょ》

渡辺《わたなべ》リョウ様《さま》

夜《よる》、ねる前《まえ》に、動画《どうが》を見《み》るのはやめましょう。体中《からだじゅう》から「ゆっくり休《やす》めない」とクレームが入《はい》っています。

でもたまに、考《かん》えごとでねむれないこともありますよね。そんなときは、なやみごとをノートに書《か》くといいようです。わたしのなやみは、助手《じょしゅ》くんはなぜ服《ふく》を着《き》ていないのかとか、クマににてるけど何《なん》の生《い》き物《もの》なのかとか……。まあ、考《かん》えすぎないことが大切《たいせつ》です。

からだ探偵

生息地《せいそくち》

視床下部《ししょうかぶ》
脳《のう》の真《ま》ん中《なか》
下《した》らへん

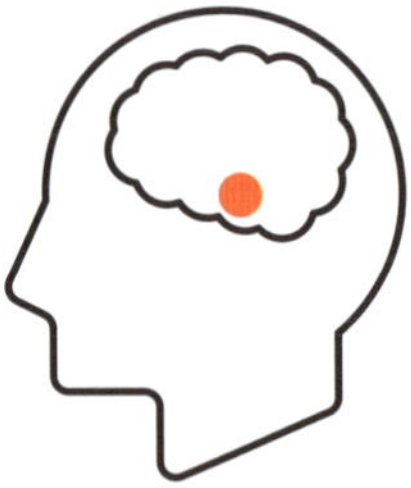

大《おお》きさ

ブドウ
1粒《つぶ》くらい

実物大《じつぶつだい》

これが自慢《じまん》

見張《みは》っているのは
時間《じかん》だけ
じゃない！

視床下部《ししょうかぶ》の中《なか》には、「お腹《なか》がへった」「のどがかわいた」と感《かん》じる部分《ぶぶん》もある。この判《はん》断《だん》によって、脳《のう》から体《からだ》に命令《めいれい》がいき、わたしたちが食《た》べたり飲《の》んだりする行動《こうどう》が引《ひ》き起《お》こされる。

これが苦手《にがて》

せんさいだから
急《きゅう》な変化《へんか》に
とても弱《よわ》い

急《きゅう》に気温《きおん》が上《あ》がったり、いつもより睡眠時間《すいみんじかん》が足《た》りなかったりすると、視床下部《ししょうかぶ》が混乱《こんらん》する。すると、内臓《ないぞう》の動《うご》きをうまくコントロールできなくなり、体《からだ》の調子《ちょうし》がくずれてしまうのだ。

キャラクターファイル

09 視《し》床《しょう》下《か》部《ぶ》師《し》匠《しょう》

脳《のう》の視床下部《ししょうかぶ》で働《はたら》く、にぎやかなキャラクター。

体内時計《たいないどけい》を見《み》て、内臓《ないぞう》の動《うご》きを調節《ちょうせつ》している。朝《あさ》から昼《ひる》は体《からだ》を元気《げんき》に、夜《よる》はおだやかになるようにコントロールしている。

朝《あさ》はシャキッと
夜《よる》はスヤスヤじゃ！

記憶《きおく》のなぞ

消《き》えた記《き》憶《おく》事《じ》件《けん》

「かがみ」って
どう書《か》くっけ？
金
？

人《ひと》はなぜ、一度《いちど》覚《おぼ》えたことを忘《わす》れてしまうのでしょうか。記憶《きおく》のしくみを解《と》き明《あ》かしてみましょう。

週《しゅう》に一度《いちど》、漢字《かんじ》の小《しょう》テストがあるんですけど、すごく苦手《にがて》です。ちゃんと前《まえ》の日《ひ》に覚《おぼ》えているのに、なぜか本番《ほんばん》で思《おも》い出《だ》せません。まんがのキャラの名前《なまえ》なら一《いっ》発《ぱつ》で覚《おぼ》えられるのに……。

なんでぼくは、漢字《かんじ》を忘《わす》れちゃうんでしょう？　頭《あたま》に穴《あな》でもあいてるんでしょうか？

守屋《もりや》マサシ

小《しょう》テスト前夜《ぜんや》、マサシはいやいや漢字《かんじ》を勉強《べんきょう》していた
はあ〜 ゲームやり たいなぁ
だる〜
そのころ、マサシの 脳《のう》の中《なか》では……
必殺
機械
衣服
お 書《か》き取《と》りした 漢字《かんじ》が入《はい》ってきました
ふーん たしかに勉強《べんきょう》は してるようだな
必殺
機械
脳《のう》のおくのほうに 運《はこ》ばれていきます！
追《お》いかけ てみよう
ダッ

漢字《かんじ》は、脳《のう》のおく深《ふか》くにある「海馬《かいば》」という名前《なまえ》の小部屋《こべや》に運《はこ》ばれていた
海馬《かいば》おばさん
目《め》にもとまらぬ速《はや》さで情報《じょうほう》を仕分《しわ》けるベテラン作業員《さぎょういん》。忙《いそが》しいと仕事《しごと》が雑《ざつ》になるのが玉《たま》にきず。
KAIBA
ああ、忙《いそが》しい!一気《いっき》に来《こ》られたらたまんないよ!
ガコン
衣服
果物
機械
必殺
あのう すみません その漢字《かんじ》どうするんです?
ゴミ一時保管所《いちじほかんじょ》
ポイッ
ってオイっ!
KAIBA
必要《ひつよう》なものは残《のこ》しとくし いらないものはすてるのさ!
何《なん》だいアンタは
機械
これはすてちゃだめだろ
どうせ使《つか》いっこないよっ
KAIBA
ふんっ
機械

海馬《かいば》のお仕事《しごと》

脳《のう》に入《はい》ってくる情報《じょうほう》が「どれくらい大切《たいせつ》か」を見分《みわ》けるのが、あたしの仕事《しごと》さ。大切《たいせつ》さのレベルにおうじて、記憶《きおく》が消《き》えるまでの時間《じかん》が変《か》わるんだよ。

大切《たいせつ》レベル1★☆☆

感覚記憶《かんかくきおく》

覚《おぼ》えなくても困《こま》らないため、一瞬《いっしゅん》で消《き》える記憶《きおく》。

- 車《くるま》のまどから見《み》た風景《ふうけい》
- まわりの人《ひと》の話《はな》し声《ごえ》

…など

大切《たいせつ》レベル2★★☆

短期記憶《たんききおく》

その場《ば》でだけ覚《おぼ》えていればじゅうぶんなので、数《すう》分《ふん》で消《き》える記憶《きおく》。

- すぐ使《つか》う電話番号《でんわばんごう》
- 初《はじ》めて会《あ》った人《ひと》の名前《なまえ》

…など

大切《たいせつ》レベル3★★★

長期記憶《ちょうききおく》

ずっと覚《おぼ》えておいたほうがいいので、何年《なんねん》も消《き》えない記憶《きおく》。

- 自分《じぶん》の名前《なまえ》
- 自分《じぶん》の家《いえ》の住所《じゅうしょ》

…など

短期記憶《たんききおく》がくり返《かえ》されると、大切《たいせつ》レベルが上《あ》がり、長期記憶《ちょうききおく》になる。

同《おな》じタイミングで覚《おぼ》えたのに　あつかいがちがうのはなぜだ？
機械
必殺
たしかにふしぎですね…
探偵《たんてい》はふと、マサシが勉強《べんきょう》する様子《ようす》を思《おも》い出《だ》した
必殺《ひっさつ》ってどういう意《い》味《み》だ？
そういえば…
ヒラメきました
運命《うんめい》を分《わ》けたのは辞書《じしょ》ですよ！
読《よ》みや形《かたち》だけでなく
「意味《いみ》」を知《し》ったことで
記憶《きおく》の大切度《たいせつど》が上《あ》がったんです
ど、どういうことだ？
フフフ…

長期記憶《ちょうききおく》は3タイプ

じつは忘《わす》れにくい記憶《きおく》には、大《おお》きく３つのタイプがあるんです。

1

体《からだ》を使《つか》って覚《おぼ》えたこと

バットのスイングのやり方《かた》や自転《じてん》車《しゃ》の乗《の》り方《かた》など。

2

意味《いみ》を知《し》って覚《おぼ》えたこと

意味《いみ》といっしょに覚《おぼ》えた、英単《えいたん》語《ご》のつづりや漢字《かんじ》の形《かたち》など。

3

体験《たいけん》して覚《おぼ》えたこと

旅行《りょこう》の思《おも》い出《で》や、人《ひと》から言《い》われてショックを受《う》けた言葉《ことば》など。

つまり　このどれかに当《あ》てはまれば
海馬《かいば》おばさんが「大切《たいせつ》な情報《じょうほう》」だと
思《おも》ってくれるわけだな！

ためしてみたら?

海馬《かいば》おばさんが教《おし》える 漢字《かんじ》を忘《わす》れないコツ

ひたすら何度《なんど》も書《か》きなさい!

覚《おぼ》えたいなら、とにかく書《か》きまくることだね。何度《なんど》も同《おな》じ情報《じょうほう》が来《く》れば、さすがにすてようとは思《おも》わないよ。声《こえ》に出《だ》してつぶやくのもいいね。

「器《うつわ》」という字《じ》で、器《うつわ》を書《か》いてみよう!

意味《いみ》がわからないものはきらいだね!

形《かたち》だけ覚《おぼ》えようとしたって、そうはいかないよ。あたしは意味《いみ》のないものがいやなんだ。ちゃんと理解《りかい》してないものは、かたっぱしからすてててやるんだ。

「器《うつわ》」のいろいろな意味《いみ》を知《し》っておこう!

❶ 物《もの》を入《い》れるもののこと

❷ 人《ひと》の「心《こころ》の広《ひろ》さ」のこと

あたしは物語《ものがたり》が好《す》きなのさ!

物語《ものがたり》ってのは、いつ読《よ》んでもステキなものだね。心《こころ》がウキウキして、仕事《しごと》がはかどるってもんさ。たくさん漢字《かんじ》を覚《おぼ》えたいなら、ぜんぶつなげてストーリーにするといいよ。

下《した》の漢字《かんじ》をぜんぶ使《つか》って、ストーリーを組《く》み立《た》ててみよう!

物　無　器
入　果

例《れい》：器《うつわ》に入《い》れた果物《くだもの》が無《な》くなっていた

調査報告書《ちょうさほうこくしょ》

守屋《もりや》マサシ 様《さま》

漢字《かんじ》をド忘《わす》れする原因《げんいん》は、覚《おぼ》え方《かた》にあったようです。わたしが調《しら》べたところ、本日《ほんじつ》の勉強《べんきょう》で記憶《きおく》されたた漢字《かんじ》は、マサシくんが好《す》きなまんがに出《で》てくる「必殺《ひっさつ》」「無敵《むてき》」「戦隊《せんたい》」の3つだけです。

海馬《かいば》おばさんによると、夜《よる》はゆっくり仕分《しわ》けができるので、ねる前《まえ》に漢字《かんじ》を覚《おぼ》えると記憶《きおく》に残《のこ》りやすいそうです。

ちなみに頭《あたま》に穴《あな》はあいていませんでしたので、ご安心《あんしん》ください。

からだ探偵

生息地《せいそくち》

海馬《かいば》

脳《のう》の真《ま》ん中《なか》

下《した》らへん

大《おお》きさ

小指《こゆび》くらい

これが自慢《じまん》

記憶力《きおくりょく》は
訓練《くんれん》すれば
上《あ》げられる！

たくさん訓練《くんれん》すれば、記憶《きおく》する量《りょう》を増《ふ》やしたり、スピードを上《あ》げたりできる。たとえば海外《かいがい》には、１時間《じかん》で3029桁《けた》の数字《すうじ》を覚《おぼ》えた人《ひと》や、15分《ふん》で201人《にん》の顔《かお》と名前《なまえ》を覚《おぼ》えた人《ひと》などもいる。

これが苦手《にがて》

ショックで
記憶《きおく》が
消《き》えてしまう…

海馬《かいば》はとてもせんさいにできていて、強《つよ》いストレスを受《う》けると、こわれてちぢんでしまう。あまりにもショックな出《で》来事《きごと》があると、一時的《いちじてき》にそのときの記憶《きおく》がなくなることもある。

キャラクターファイル

10 海馬《かいば》おばさん

脳《のう》の海馬《かいば》で働《はたら》く、忙《いそが》しいキャラクター。

脳《のう》に入《はい》ってくる、たくさんの情報《じょうほう》を仕分《しわ》けている。大切《たいせつ》な情報《じょうほう》は、ずっと覚《おぼ》えていられるように、脳《のう》のいろいろな場所《ばしょ》にしまわれる。

感情《かんじょう》のなぞ

なぞの逆《ぎゃく》ギレ事件《じけん》

人《ひと》はなぜ怒《おこ》るのでしょう。注意《ちゅうい》を受《う》けたり、悪口《わるぐち》を言《い》われたりすると、どうして腹《はら》が立《た》つのでしょうか？

同《おな》じクラスのダイチくんがそうじをしてくれません。「ちゃんとやってよ！」と注意《ちゅうい》すると、すぐに「うるせー」と言《い》って怒《おこ》ります。

この前《まえ》は、わざと黒板消《こくばんけ》しをたたいてチョークの粉《こな》をモクモクさせていました。これって逆《ぎゃく》ギレですよね？　なんであんなにすぐ怒《おこ》るのか、意味《いみ》がわかりません。

長浜《ながはま》ミチル

探偵《たんてい》たちはダイチの脳《のう》の「前頭葉《ぜんとうよう》」という場所《ばしょ》にいた
前頭葉《ぜんとうよう》指《し》令室《れいしつ》
物事《ものごと》を考《かんが》えたり、選《えら》んだり、計画《けいかく》をたてたりするときに活発《かっぱつ》に働《はたら》く。体《からだ》の中《なか》のコンピュータールームだ。
感情《かんじょう》の状態《じょうたい》はどうだ？
異常《いじょう》ありません！落《お》ちついています
前頭葉《ぜんとうよう》キャプテン
じ〜っ…
ちょっと〜
体《からだ》の外《そと》からミチルさんの声《こえ》がしますね
おや？
さっさとそうじしてよ
イラッ…
え〜めんどくせ……
あんたのせいで帰《かえ》れないじゃん！
うっさいなあもう！
ブチーン

同《おな》じころ、脳《のう》のおく深《ふか》くでは……

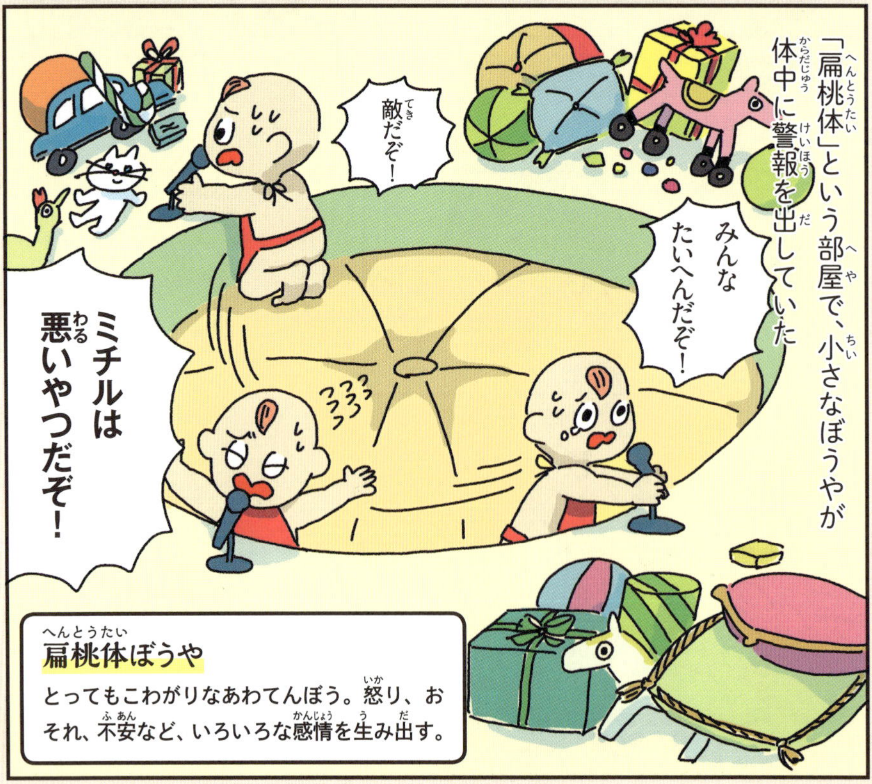

扁桃体《へんとうたい》ぼうや

とってもこわがりなあわてんぼう。怒《いか》り、おそれ、不安《ふあん》など、いろいろな感情《かんじょう》を生《う》み出《だ》す。

扁桃体《へんとうたい》のお仕事《しごと》

おいらは好《す》ききらいがはげしいんだ。きらいなものには、近寄《ちかよ》りたくもないぞ！

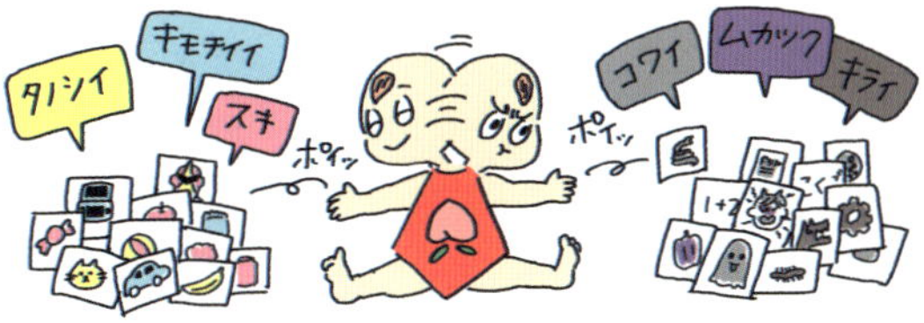

扁桃体《へんとうたい》は、見《み》たものや聞《き》いた音《おと》、におい、味《あじ》など、脳《のう》に入《はい》ってきた情報《じょうほう》を「好《す》き」と「きらい」に分《わ》けている。

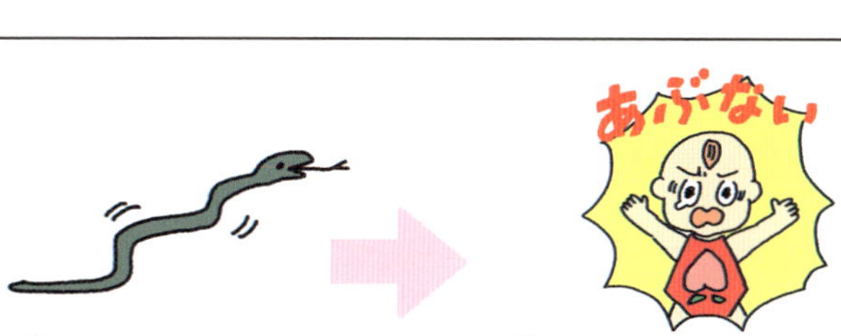

脳《のう》の中《なか》にきらいなものの情報《じょうほう》が入《はい》ってくると……

大《おお》さわぎして、体中《からだじゅう》に危険《きけん》を知《し》らせる

その結果《けっか》、怒《おこ》る、こわがる、ドキドキするといった変化《へんか》が体《からだ》に起《お》きる。

それにしても どうしてそんなにミチルが きらいなんだ?
びえーっ
弱《よわ》りましたね…… 何《なに》か理由《りゆう》が あるはずなのですが……
むむむ…
ミチルに何《なに》か されたんじゃ ないのか?
その証拠《しょうこ》が どこかに 残《のこ》っていれば いいのですが…
ヒソ ヒソ
ハッ!
ヒラメ きました
そうだ 記憶《きおく》ですよ! ダイチくんの脳《のう》に 残《のこ》されたミチルさんとの 思《おも》い出《で》を探《さぐ》れば きっとヒントがあるはずです!
記憶《きおく》を探《さぐ》れば 扁桃体《へんとうたい》ぼうやが泣《な》く 理由《りゆう》がわかるのか?
? ?

扁桃体《へんとうたい》と記憶《きおく》の関係《かんけい》

痛《いた》かったり、こわかったり、悲《かな》しかったりして、扁桃体《へんとうたい》がショックを受《う》けると、ほかの出来事《できごと》よりも強《つよ》く記憶《きおく》に残《のこ》るんです。

たとえば、犬《いぬ》にほえられてびっくりすると……

犬《いぬ》が苦手《にがて》になって、次《つぎ》から注意《ちゅうい》するようになる。

いやな記憶《きおく》が残《のこ》るから危険《きけん》をさけるようになるんだな

理由《りゆう》がわかりました
今日《きょう》は帰《かえ》りましょう
パタン
えっ
なぜ？
ミチルさんは知《し》らないうちに
ダイチくんを怒《おこ》らせていたようです
早《はや》く報告書《ほうこくしょ》を書《か》かねば……！
スタスタ
何《なに》か
わかったのか!?
まてよ〜
おーいっ
翌日《よくじつ》の放課後《ほうかご》——
えーい
……
いくぞ〜
スタスタ
ゴツン
きゃっ！
あっ！
なっ…何《なん》だよ
近《ちか》づいてきたおまえが
悪《わる》いんだぞ！
あのさ……
ゴツ…

調査《ちょう さ》報告書《ほう こく しょ》

長浜《ながはま》ミチル 様《さま》

ダイチくんが怒《おこ》るのには、じつは理由《りゆう》がありました。あなたは知《し》らない間《あいだ》に、ダイチくんのキーホルダーをふんでこわしていたのです。かれはそれがショックだったけどうまく言《い》い出《だ》せず、あなたに対《たい》して怒《おこ》りっぽくなっていたのでしょう。

わたしも集《あつ》めていたセミのぬけがらを助手《じょしゅ》くんにふみつぶされたことがありますが、3日《みっか》ほど立《た》ち直《なお》れませんでした。

からだ探偵

キャラクターファイル

11 前頭葉《ぜんとうよう》キャプテン

脳《のう》の前頭葉《ぜんとうよう》を指揮《しき》する、たよれるキャラクター。

体中《からだじゅう》から集《あつ》まる情報《じょうほう》をもとに、物《もの》を考《かんが》えたり、行動《こうどう》を決《き》めたりしている。

作《さく》戦《せん》を立《た》てるのが得《とく》意《い》です

生息地《せいそくち》

前頭葉《ぜんとうよう》
脳《のう》の
前半分《まえはんぶん》くらい

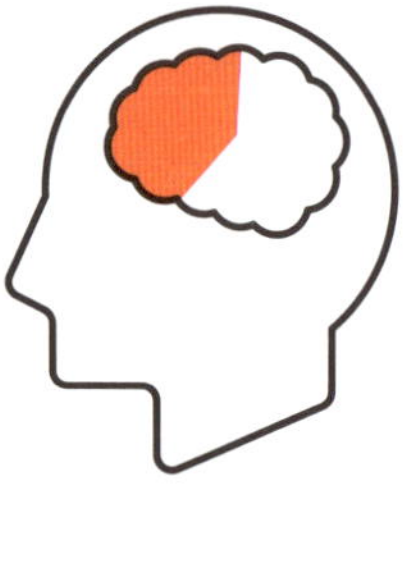

重《おも》さ

水《みず》を入《い》れた500ml
ペットボトル
1本分《ぽんぶん》くらい

キャラクターファイル

12 扁桃体《へんとうたい》ぼうや

脳《のう》の扁桃体《へんとうたい》でくらす、気《き》まぐれなキャラクター。

「好《す》きなもの」と「きらいなもの」を決《き》めている。「こわい」「あぶない」と感《かん》じると、体中《からだじゅう》に警報《けいほう》を出《だ》して、危険《きけん》をさける。

いやなことしたら
泣《な》いちゃうぞ？
スキ
キライ

生息地《せいそくち》

扁桃体《へんとうたい》
脳《のう》の真《ま》ん中《なか》
下《した》らへん

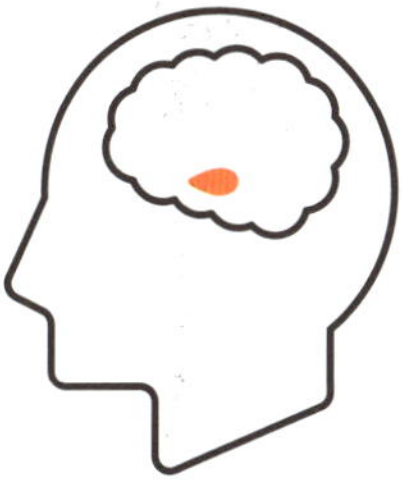

大《おお》きさ

アーモンド
1粒《つぶ》くらい

実物大《じつぶつだい》

起《お》きている！

第《だい》4章《しょう》

事件《じけん》は免疫《めんえき》で

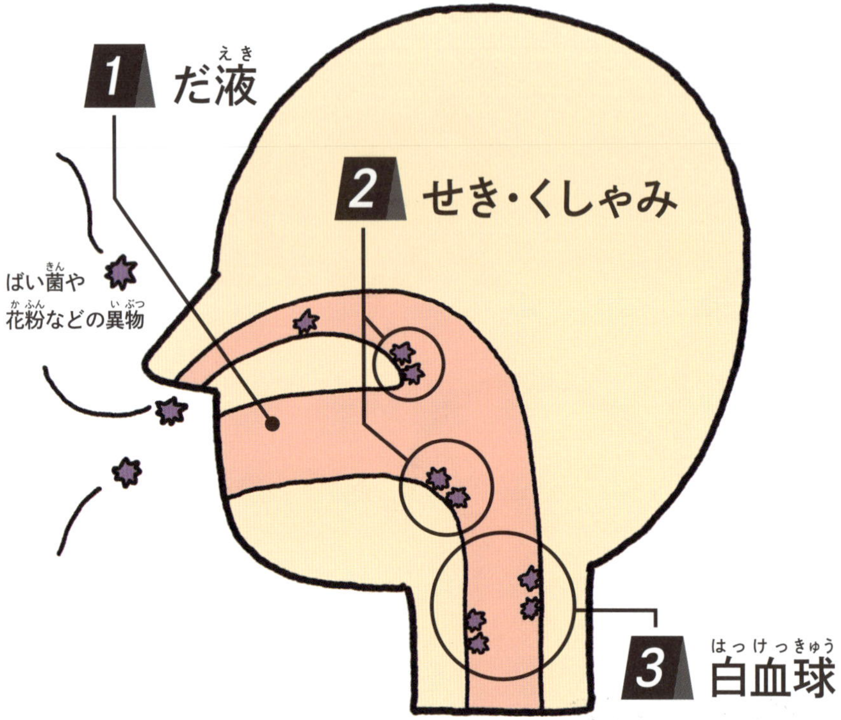

体《からだ》の中《なか》に入《はい》ってきた
ばい菌《きん》と戦《たたか》う。

戦《たたか》ったばい菌《きん》の
タイプや弱点《じゃくてん》を覚《おぼ》える。

同《おな》じばい菌《きん》がきたら、
すぐに反応《はんのう》して退治《たいじ》する。

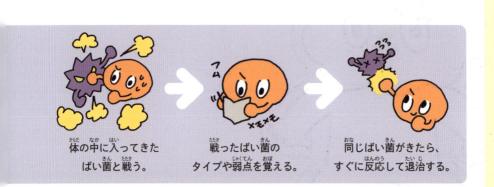

今回《こんかい》の事件現場《じけんげんば》　免疫《めんえき》

免疫《めんえき》は、病気《びょうき》にならないように、体《からだ》を守《まも》っているシステムのこと。ばい菌《きん》やウイルスが体《からだ》の中《なか》に入《はい》ってくると、免疫《めんえき》が戦《たたか》ってたおしてくれるのです。

1 だ液《えき》 → p126〜135

口《くち》の中《なか》のだ液《えき》（つば）には、食《た》べ物《もの》をしめらせて飲《の》みこみやすくする以外《いがい》に、口《くち》に入《はい》ってきたばい菌《きん》を殺《ころ》したり、虫歯菌《むしばきん》が増《ふ》えるのをおさえたりする働《はたら》きもある。

2 せき・くしゃみ → p146〜155

口《くち》や鼻《はな》のおくに異物《いぶつ》がつくと、くしゃみやせきが出《で》て、体《からだ》の外《そと》に追《お》い出《だ》す。花粉症《かふんしょう》は、この働《はたら》きが異常《いじょう》にびんかんになったもので、花粉《かふん》が入《はい》ると、くしゃみや涙《なみだ》が止《と》まらなくなってしまう。

3 白血球《はっけっきゅう》 → p136〜155

のどのねんまくで、ばい菌《きん》が増《ふ》えはじめると「白血球《はっけっきゅう》」がすぐに来《き》て、ばい菌《きん》をこうげきする。戦《たたか》って死《し》んだばい菌《きん》や白血球《はっけっきゅう》は、たんや鼻水《はなみず》になって、体《からだ》の外《そと》に出《だ》される。

わたしたちを守《まも》る免疫《めんえき》の力《ちから》

免《めん》えきには「学習能力《がくしゅうのうりょく》」がある。じつは、このしくみを利用《りよう》したのが「予《よ》防接種《ぼうせっしゅ》」で、ものすごく力《ちから》を弱《よわ》めたウイルスを注射《ちゅうしゃ》することで、体《からだ》にウイルスのタイプを学習《がくしゅう》させている。

こうすることで、次《つぎ》にそのウイルスが体《からだ》の中《なか》に入《はい》ってきたとき、すぐにやっつけて病気《びょうき》にならないようにしているのだ。

虫歯《むしば》のなぞ

恐怖《きょうふ》の虫歯《むしば》事件《じけん》

歯《は》みがきをしないでいると、歯《は》が黒《くろ》くなって虫歯《むしば》になり、痛《いた》みだすのは、なぜでしょうか？

緊急事態《きんきゅうじたい》です！　何《なん》だかおく歯《ば》が痛《いた》いなと思《おも》って鏡《かがみ》で見《み》たら、まっ黒《くろ》になっていました。これって、虫歯《むし》歯《ば》ですよね……。

歯医者《はいしゃ》に行《い》くと、口《くち》の中《なか》に手《て》を入《い》れられて、痛《いた》いところをいじられるので、こわくて仕方《しかた》ありません。できれば、もう行《い》かなくてもすむ方法《ほうほう》って、ありませんか？

石森《いしもり》セイジ

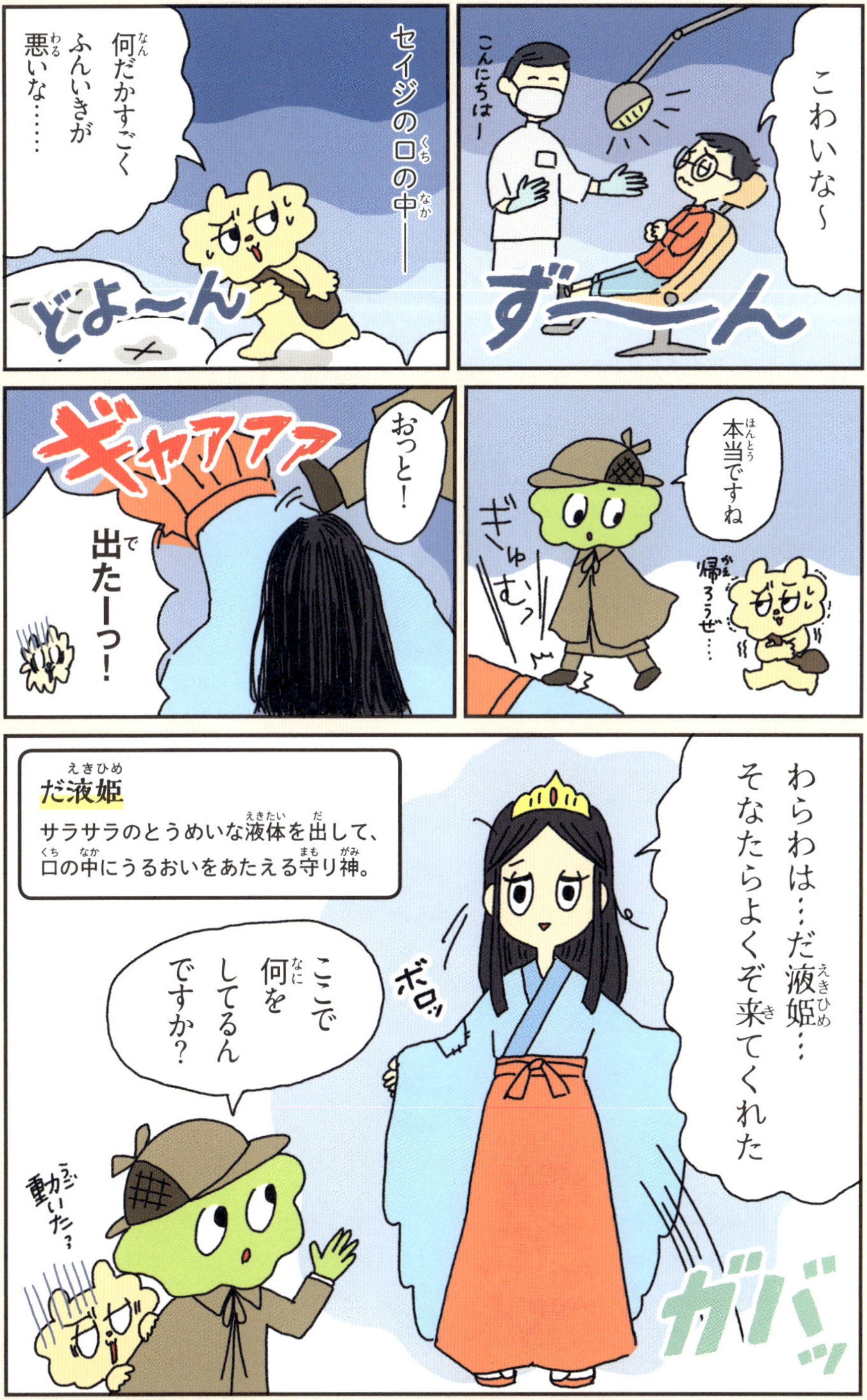
こわいな～
こんにちはー
ずーーん
セイジの口《くち》の中《なか》ーー
何《なん》だかすごく
ふんいきが
悪《わる》いな……
どよ～ん
本当《ほんとう》ですね
ぎゅむっ
帰《かえ》ろうぜ…
ギャアアア
おっと!
出《で》たーっ!
わらわは…だ液姫《えきひめ》…
そなたらよく来《き》てくれた
だ液姫《えきひめ》
サラサラのとうめいな液体《えきたい》を出《だ》して、口《くち》の中《なか》にうるおいをあたえる守《まも》り神《がみ》。
ボロッ
ここで何《なに》をしてるんですか?
動《うご》いた?
ガバッ

だ液《えき》のお仕事《しごと》

わらわは、いろいろなことに役立《やくだ》つ「だ液《えき》」という液体《えきたい》を出《だ》しておるのじゃ！

1 よごれをあらい流《なが》して、口《くち》の中《なか》をきれいにたもつ。

2 悪《わる》い菌《きん》が体内《たいない》に入《はい》りこむのを防《ふせ》いだり、増《ふ》えるのをおさえたりする。

3 デンプンという栄養《えいよう》素《そ》を分解《ぶんかい》して体内《たいない》で吸収《きゅうしゅう》しやすくする。

4 食《た》べ物《もの》に水分《すいぶん》をふくませて、飲《の》みこみやすくする。

さらにだ液《えき》には、口《くち》の中《なか》の環境《かんきょう》を守《まも》る力《ちから》もあるぞえ。

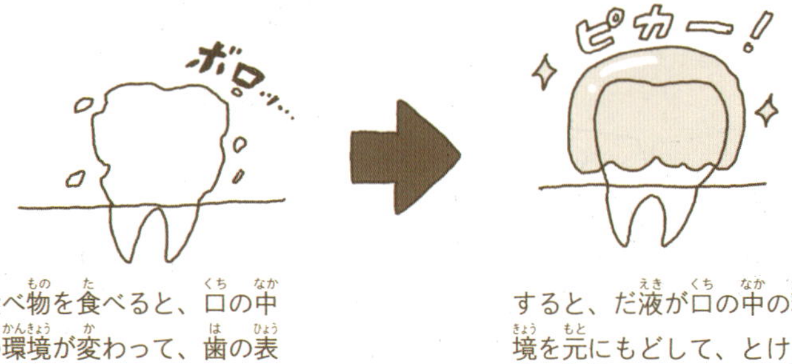

食《た》べ物《もの》を食《た》べると、口《くち》の中《なか》の環境《かんきょう》が変《か》わって、歯《は》の表《ひょう》面《めん》がとけてしまう。

すると、だ液《えき》が口《くち》の中《なか》の環《かん》境《きょう》を元《もと》にもどして、とけた歯《は》を再生《さいせい》させる。

それにしてもなぜ
たおれていたんです？
それは……
あいつのせいじゃ！
ビシッ
あ～！ すんごい
穴《あな》があいてる！
虫歯菌《むしばきん》
歯《は》に穴《あな》をあけてしまう
小《ちい》さなモンスター。
ケケケ…
今日《きょう》も仕事《しごと》がはかどるぜ～
おだまり！
一度《いちど》あばれ出《だ》すとわらわの手《て》には負《お》えんのじゃ
オラ
オラ
ブスッ
ぎゃ～っ
あのように…
ふむ…
へっ
今《いま》のおれはだれも止《と》められないぜ！
ポカ

虫歯《むしば》の道《みち》は 1日《にち》にしてならず！

4

プラークは、食《た》べカスを栄養《えいよう》にして、歯《は》をとかす「酸《さん》」を出《だ》して穴《あな》をあける。とけたところから、歯《は》のおくへ虫歯菌《むしばきん》が入《はい》っていく。

5

虫歯菌《むしばきん》は、どんどん穴《あな》をほり進《すす》め、歯《は》のおくにある神《しん》経《けい》や骨《ほね》までこわしてしまう。

虫歯《むしば》ができるしくみ

おれたちの生《い》きがいは、歯《は》をボロボロにして、子《こ》どもを泣《な》かすことさ！

1

口《くち》の中《なか》には虫歯菌《むしばきん》がすんでいる。いつもは、だ液《えき》の力《ちから》で、増《ふ》えないようにおさえられている。

2

ところが、歯《は》のすき間《ま》などに、食《た》べカスが残《のこ》っていると、虫《むし》歯菌《ばきん》がそれを食《た》べに集《あつ》まってくる。

3

食《た》べカスのまわりで、虫歯菌《むしばきん》がどんどん増《ふ》えて「プラーク」という菌《きん》のかたまりをつくる。

どうするんだ?
手《て》がつけられんぞ!
だいじょうぶ
すぐにアレが
来《き》ますよ
フフフフ……
ほら
口が開きました
パァァァァ……
ギュイイイイイイイ
ギャッ
ドリルで
けちらされて
いくぞ!
わっ
虫歯《むしば》は
けずって
しまうのが
いちばんです
フフフ……
お~
痛《いた》そ~
なあ
ああなる
前《まえ》に何《なん》とか
できない
のか?
ドリルはいやだ~!!
フフフフフフフ
よくぞ
聞《き》いて
くれた!

ためしてみたら？

だ液姫《えきひめ》が教《おし》える 虫歯《むしば》を予防《よぼう》する方法《ほうほう》

虫歯《むしば》にならないためには、できるだけ虫歯菌《むしばきん》に栄養《えいよう》をあたえないようにすることじゃ！

歯《は》みがきのあとは、口《くち》をゆすぎすぎない

ゆすぎすぎると、歯《は》みがき粉《こ》にふくまれている虫歯菌《むしばきん》の力《ちから》をおさえる成分《せいぶん》も流《なが》れ落《お》ちてしまうぞえ。

歯間《しかん》ブラシで歯《は》の間《あいだ》をそうじする

きっちり歯《は》をみがいたつもりでも、歯《は》と歯《は》の間《あいだ》には細《こま》かい食《た》べカスが残《のこ》っておるのじゃ。

食後《しょくご》にお茶《ちゃ》やコーヒーを飲《の》む

お茶《ちゃ》やコーヒーには、虫歯《むしば》菌《きん》が増《ふ》えるのを防《ふせ》いでくれる成分《せいぶん》がふくまれておるのじゃ。

調《ちょう》査《さ》報《ほう》告《こく》書《しょ》

石森《いしもり》セイジ 様《さま》

虫歯《むしば》になったら歯医者《はいしゃ》に行《い》くしかありませんが、ごくまれに虫歯《むしば》にならないという人《ひと》もいます。

じつは虫歯菌《むしばきん》は、母親《ははおや》が食《た》べ物《もの》を口《くち》うつしであげたときなどにうつるもので、生《う》まれたばかりは口《くち》の中《なか》にいません。だから菌《きん》がいない人《ひと》は虫歯《むしば》にならないのです。

一度《いちど》虫歯菌《むしばきん》がすみついてしまうと、あとはマメに歯《は》をみがくしかありません。ドリルのお世話《せわ》にならないようにがんばりましょう。

からだ探偵

キャラクターファイル

13 だ液姫《えきひめ》

口《くち》の中《なか》でだ液《えき》を出《だ》し続《つづ》ける、けなげなキャラクター。

口《くち》の中《なか》をせいけつにたもったり、食《た》べ物《もの》を飲《の》みこみやすくしたりしている。酸《さん》でとけた歯《は》の表面《ひょうめん》を治《なお》す働《はたら》きもある。

ばい菌《きん》の好《す》きにはさせぬ!

生息地《せいそくち》

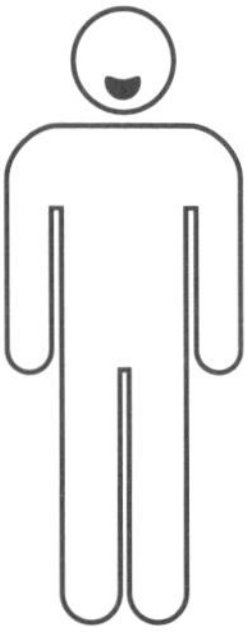

だ液《えき》

口《くち》の中《なか》

1日《にち》に出《で》る量《りょう》

大《おお》きな

ペットボトル

1本分《ぽんぶん》

キャラクターファイル

14 虫歯菌《むしばきん》

口《くち》の中《なか》で悪事《あくじ》を働《はたら》く、困《こま》ったキャラクター。

強力《きょうりょく》な酸《さん》を出《だ》して、歯《は》に穴《あな》をあけてしまう。歯《は》の間《あいだ》に食《た》べカスが残《のこ》っていると、それをえさにして、どんどん増《ふ》える。

生息地《せいそくち》

ミュータンス菌《きん》
口《くち》の中《なか》

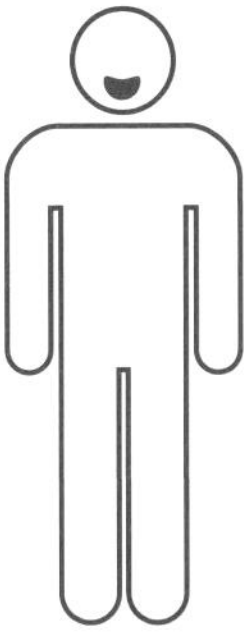

大《おお》きさ

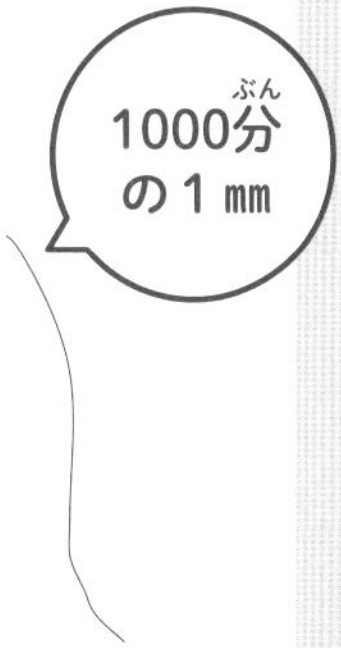

かみの毛《け》の太《ふと》さ(0.1㎜)の100分《ぶん》の1

かぜのなぞ

かぜでぐったり事件《じけん》

かぜをひくと、せきやくしゃみが出《で》たり、熱《ねつ》が出《で》るのは、どうしてでしょうか？

「かぜをひいたら学校《がっこう》が休《やす》める！」と思《おも》って、冷《つめ》たいシャワーをあびたら、本当《ほんとう》にかぜをひいてしまいました（しかも学校《がっこう》は休《やす》めず保健室《ほけんしつ》に行《い》くことに……）。のどは痛《いた》いし、頭《あたま》はガンガンするし、最悪《さいあく》です。もうかぜをひこうなんて思《おも》わないので、早《はや》く治《なお》す方法《ほうほう》を教《おし》えてくれませんか？

佐藤《さとう》ショウタ

ショウタののどのおく――
うひゃ～ こりゃ ヤバいな……
かぜの ウイルスが 大量《たいりょう》にいますね
ゲッ！ こっちに 来《く》るぞ！
イガイガ
イガ～
トウ！
ムギュッ
わっ!?
かぜウイルス
体《からだ》の組織《そしき》をこうげきして、のどの痛《いた》みなどを引《ひ》き起《お》こす。
体《からだ》の平和《へいわ》を みだす者《もの》は……
この白血球忍者隊《はっけっきゅうにんじゃたい》が ゆるさないナリ！
バーーン
だ だれだ!?

血液《けつえき》の中《なか》にひそんで、全身《ぜんしん》をめぐり
敵《てき》を見《み》つけては、やっつける。
それが、われら白血球忍者隊《はっけっきゅうにんじゃたい》ナリ！

好中球《こうちゅうきゅう》

体《からだ》に入《はい》ってきたウイルスや細菌《さいきん》と戦《たたか》う。酸《さん》で相手《あいて》をとかすこともできる。白血球《はっけっきゅう》のなかでは、いちばん数《かず》が多《おお》い。

悪《わる》いヤツは成敗《せいばい》ナリ！
好

大《おお》きな体《からだ》でガンガン食《く》うぞ！
マ

マクロファージ

ウイルスや細菌《さいきん》をつかまえて、食《た》べてしまう。また、食《た》べた敵《てき》の情報《じょうほう》を、ヘルパーT《ティー》に伝《つた》える役割《やくわり》もある。

ヘルパーT《ティー》

マクロファージから伝《つた》えられた情報《じょうほう》をもとに、敵《てき》の弱点《じゃくてん》をつきとめて、みんなに作戦《さくせん》の指示《しじ》を出《だ》す。

敵《てき》の分析《ぶんせき》ならお任《まか》せを！
T

忍法《にんぽう》・抗体《こうたい》でやっつけるわ！
B

リンパB《ビー》

ヘルパーT《ティー》が分析《ぶんせき》した弱点《じゃくてん》をもとに、ウイルスや細菌《さいきん》の動《うご》きを止《と》める「抗体《こうたい》」という物質《ぶっしつ》を出《だ》す。

キミたちはさがっているナリ！
かくれて見《み》ていましょう
何《なに》をするんだ…
まずはオイラが！
ガシッ
パクッ
うわっウイルスを食《た》べてる！
そしてプリっとな
ありがとうございます
うんこしたーっ！
このうんこでウイルスのタイプがわかるのですよ
ピ〜〜〜ッ
分析中《ぶんせきちゅう》
フフフ
カタカタカタカタ
わかった！このウイルスは「コロナタイプ」です！
ピコーン

タイプがわかれば
あとは任《まか》せて！
コロナウイルスなら……
ニンニン
この抗体《こうたい》でイチコロよ〜！
ヤラレタ〜
ボムッ
おおやった！
ふぅ〜
楽勝《らくしょう》だったわね
どよ〜ん
ってあれ？
まだこんなにいるの〜!?
いや〜

おい まずいぞ このままだと 負《ま》けちまうよ
おやっ？
ググググ
体内《たいない》が ふるえている……？
ガタ
ガタ
ガタ
ググ
グググ
それに急《きゅう》に暑《あつ》く なったような……
あっ あれを 見《み》ろ！
ウイルスが弱《よわ》ってるぞ!?
ヘナ
ヘナ
うまくいきましたね
ヘルパーT《ティー》さん ……!?
フフ…
ハッ
わたしが脳《のう》に 「熱《ねつ》を出《だ》してウイルスを弱《よわ》らせて ほしい」とたのんだのですよ
わたしが!!

かぜをひくと熱《ねつ》が出《で》る理由《りゆう》

熱《ねつ》が出《で》るのは、ウイルスを弱《よわ》らせて、わたしたちが有利《ゆうり》に戦《たたか》えるようにするためなのです。

❶ ヘルパーT《ティー》は、ウイルスが侵入《しんにゅう》したことを、脳《のう》に伝《つた》える。

❷ 情報《じょうほう》を受《う》け取《と》った脳《のう》は、体全体《からだぜんたい》に、緊急命令《きんきゅうめいれい》を出《だ》す。

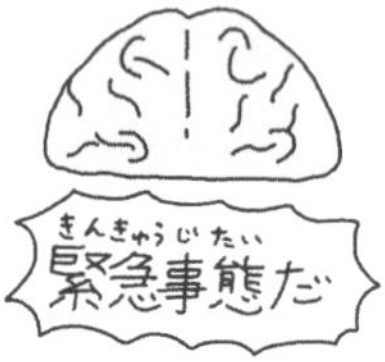
緊急事態《きんきゅうじたい》だ

❸ 命令《めいれい》によって毛穴《けあな》がとじたり、筋肉《きんにく》がふるえたりして、体温《たいおん》が上《あ》がる。これが、熱《ねつ》が出《で》る状態《じょうたい》。

ブルブル
ブル

❹ 熱《ねつ》が出《で》ると、ウイルスの活動《かつどう》が弱《よわ》まる一方《いっぽう》で、白血球忍者隊《はっけっきゅうにんじゃたい》の働《はたら》きは活発《かっぱつ》になる。

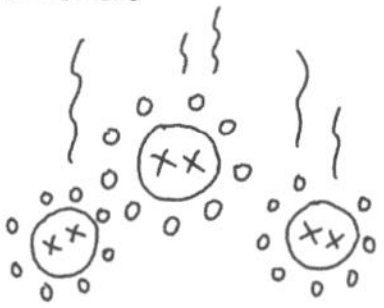

こうして、かぜウイルスがへって、かぜが治《なお》る！

ところで探偵《たんてい》さん
ショウタに伝《つた》えてほしいことが
あるナリ……
全部《ぜんぶ》かたづいたか
むぎゅう
長《なが》かった……

気《き》をつけて！

白血球忍者隊《はっけっきゅうにんじゃたい》が教《おし》える かぜのときにやってはいけないこと

早《はや》く元気《げんき》になるために、ワガハイたちの戦《たたか》いをじゃましないでくれるとありがたいナリ！　早《はや》めに病院《びょういん》に行《い》くことも大切《たいせつ》ナリね。

必要以上《ひつよういじょう》に薬《くすり》を飲《の》む

薬《くすり》を飲《の》むと熱《ねつ》は下《さ》がるけど、ウイルスの数《かず》はへらないナリ。多《おお》く飲《の》んでも意味《いみ》がないし、かえって長引《ながび》くこともあるナリよ。

熱《あつ》めのおふろに入《はい》る

意外《いがい》と体力《たいりょく》を使《つか》うので、37.5℃以上熱《いじょうねつ》があるときは、やめたほうがいいナリ。入《はい》るなら、ぬるめのお湯《ゆ》で短《みじか》めに。

がっつり食《た》べる

胃《い》の働《はたら》きが落《お》ちているから、肉《にく》や魚《さかな》をがっつり食《た》べるのはNG《エヌジー》。消化《しょうか》にいいおかゆや果物《くだもの》、ヨーグルトなんかがいいナリ！

調査報告書《ちょうさほうこくしょ》

佐藤《さとう》ショウタ 様《さま》

かぜをひいたら、あたたかくしてねるのがいちばんです。白血球《はっけっきゅう》忍者隊《にんじゃたい》のおかげで、健康《けんこう》な体《からだ》なら1週間《しゅうかん》ていどでよくなります。

ちなみに日本《にほん》では、のどが痛《いた》いときは首《くび》にネギをまくといいと昔《むかし》からいわれています。いい伝《つた》えは国《くに》ごとにちがうようで、かぜをひいたら耳《みみ》にタマネギをつめたり、ヘビを体《からだ》にまきつけたりする国《くに》もあるそうです。本当《ほんとう》にきくのか、今度助手《こんどじょしゅ》くんでためしてみたいと思《おも》います。

からだ探偵

生息地《せいそくち》

白血球《はっけっきゅう》
血液《けつえき》の中《なか》

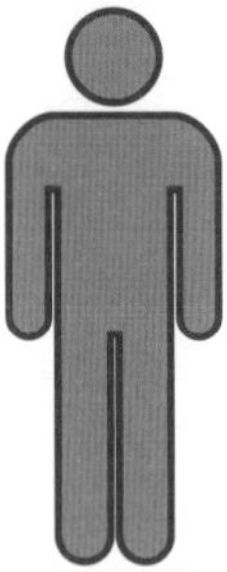

生息数《せいそくすう》

1㎤あたり
350万《まん》〜
950万個《まんこ》

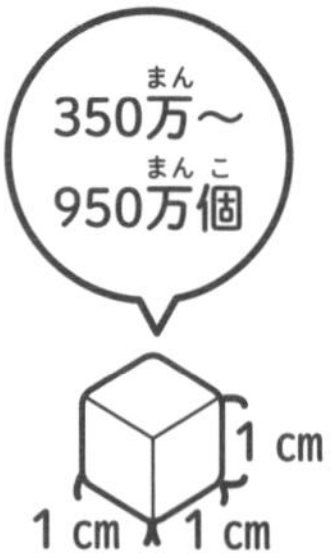

これが自慢《じまん》

神出鬼没《しんしゅつきぼつ》で
全身《ぜんしん》を
自由《じゆう》にワープ！

白血球《はっけっきゅう》は、ふだんは血液《けつえき》の中《なか》をただよっているが、敵《てき》を発《はっ》見《けん》すると、血管《けっかん》のかべをすりぬけてすばやく移動《いどう》する。いち早《はや》く敵《てき》をこうげきするため、道《みち》のりをショートカットできるのだ。

これが苦手《にがて》

すぐに死《し》ぬので
長生《なが》き《い》は
できない…

酸素《さんそ》や栄養《えいよう》を運《はこ》ぶ赤血球《せっけっきゅう》の寿《じゅ》命《みょう》は３～４か月《げつ》。白血球《はっけっきゅう》は、好中球《こうちゅうきゅう》が１日《にち》ていど、マクロファージが３～４か月《げつ》ぐらいで死《し》んで、新《あたら》しいものに置《お》きかわっている。

キャラクターファイル

15 白血球忍者隊《はっけっきゅうにんじゃたい》

血液《けつえき》の白血球《はっけっきゅう》で、ひそかに働《はたら》くキャラクター。

血液《けつえき》の中《なか》をただよって体中《からだじゅう》をパトロールしている。細菌《さいきん》やウイルスを発見《はっけん》すると、こうげきして体《からだ》が病気《びょうき》にならないように守《まも》っている。

花《か》粉《ふん》症《しょう》でゆううつ事《じ》件《けん》

花粉症《かふんしょう》になると、どうしてくしゃみが出《で》たり、目《め》がかゆくなったりするのでしょうか？

わたしは花粉症《かふんしょう》なので、春《はる》が大《だい》きらいです！　花粉《かふん》が目《め》や鼻《はな》に入《はい》ると、かゆくてたまらないし、くしゃみや涙《なみだ》が止《と》まらなくなります。おかげで、学校《がっこう》の遠足《えんそく》なんかも、ぜんぜん楽《たの》しめません。なんで毎《まい》年《とし》、たかが花粉《かふん》のせいで、こんなにつらい目《め》にあわないといけないのでしょうか？

小池《こいけ》ナナ

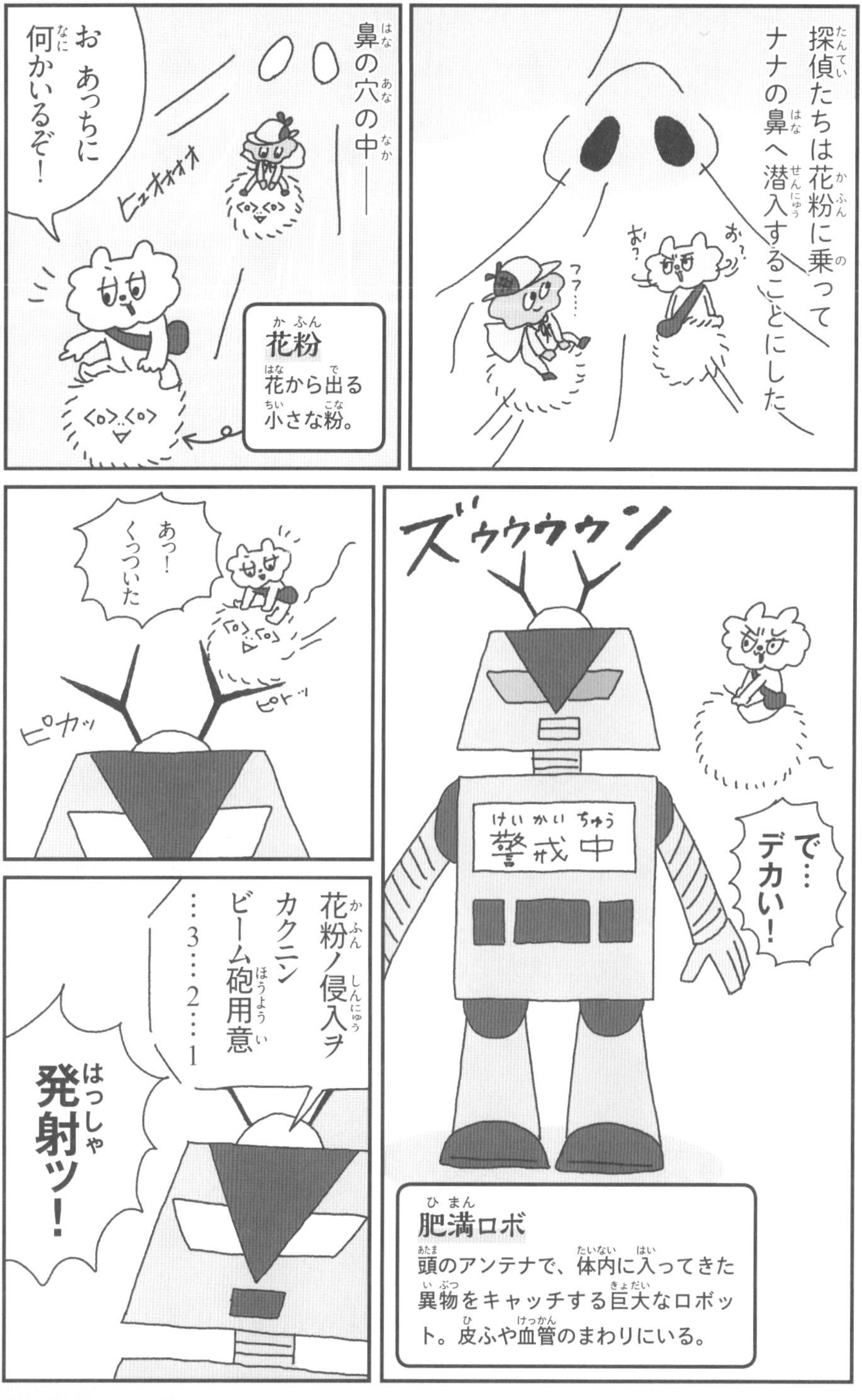
探偵《たんてい》たちは花粉《かふん》に乗《の》って
ナナの鼻《はな》へ潜入《せんにゅう》することにした
お?
お?
フフ…
鼻《はな》の穴《あな》の中《なか》——
ヒュオォォオ
お あっちに
何《なに》かいるぞ！
花粉《かふん》
花《はな》から出《で》る
小《ちい》さな粉《こな》。
ズゥウウウン
警戒中《けいかいちゅう》
で…
デカい！
肥満《ひまん》ロボ
頭《あたま》のアンテナで、体内《たいない》に入《はい》ってきた
異物《いぶつ》をキャッチする巨大《きょだい》なロボッ
ト。皮《ひ》ふや血管《けっかん》のまわりにいる。
あっ！
くっついた
ピトッ
ピカッ
花粉《かふん》ノ侵入《しんにゅう》ヲ
カクニン
ビーム砲用意《ほうようい》
…3…2…1
発射《はっしゃ》ッ！

花粉《かふん》をすうと、くしゃみが出《で》る理由《りゆう》

ワタシノ役目《やくめ》ハ、体《からだ》ニ入《はい》ッテキタ異物《いぶつ》ヲ、追《お》イ出《だ》スコトデス。

1

肥満《ひまん》ロボのアンテナが花粉《かふん》をキャッチして、体《からだ》から異物《いぶつ》を追《お》い出《だ》すためのビームを発射《はっしゃ》する。

2

ビームにふくまれる化学物質《かがくぶっしつ》が、のど、鼻《はな》、目《め》などのねんまくを刺激《しげき》する。この刺激《しげき》でムズムズやかゆみが出《で》る。

3

ムズムズしてくしゃみが出《で》たり、目《め》がかゆくなって涙《なみだ》が出《で》たりして、花粉《かふん》が外《そと》に出《だ》される。

こうして、異物《いぶつ》である花粉《かふん》は、体《からだ》から追《お》い出《だ》される!

どうやら
そのアンテナが
ビームの起動《きどう》スイッチの
ようですね
休止中《きゅうしちゅう》
ヒドイ目《め》にあったぞ…
肥満《ひまん》ロボの頭《あたま》から外《はず》した
う〜む
それにしても
このアンテナ
どこかで見《み》たような
形《かたち》ですね……
じーっ
ヒラメきました
おい
どこ行《い》くんだよ！
アンテナをつくった
本人《ほんにん》のところ
ですよ！

探偵《たんてい》は、リンパB《ビー》の元《もと》をおとずれた
ちょっとお聞《き》きしたいのですが
なぁに、また来《き》たの？
リンパB《ビー》
（→ P138）
これはあなたがつくったものですよね？
スッ
コレ
この花粉《かふん》見《み》たことある…
肥満《ひまん》ロボの頭《あたま》についてたぞ？
ハッ……
思《おも》い出《だ》した！
それはわたしが出《だ》した「抗体《こうたい》」よ！
前《まえ》に花粉《かふん》を敵《てき》とまちがえて出《だ》しちゃったのよ～
ボワン
ボワン
つまり……こういうことですか？

花粉症《かふんしょう》になるしくみ

リンパB《ビー》さんの出《だ》した抗体《こうたい》が肥満《ひまん》ロボの頭《あたま》にくっついて、花粉症《かふんしょう》になるまでの流《なが》れを整理《せいり》してみましょう。

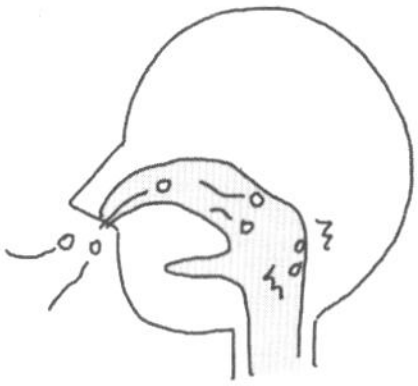

1

花粉《かふん》が目《め》や鼻《はな》から入《はい》ってきて、鼻《はな》のおくにあるねんまくを刺激《しげき》する。花粉《かふん》は異物《いぶつ》だが、実際《じっさい》は無害《むがい》。この時点《じてん》では何《なに》も起《お》こらない。

2

ところがリンパB《ビー》が、花粉《かふん》をウイルスのような敵《てき》だとかんちがいしてしまう。そして抗体《こうたい》で花粉《かふん》をこうげきする。

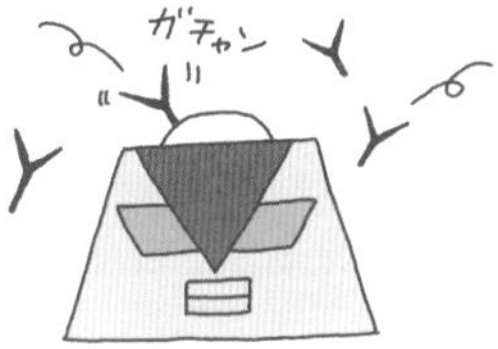

3

リンパB《ビー》の出《だ》した抗体《こうたい》が、体内《たいない》にちらばる。その結果《けっか》、肥満《ひまん》ロボの頭《あたま》に抗体《こうたい》がくっついて、異物《いぶつ》である花粉《かふん》を敵《てき》だと思《おも》いこんでしまう。

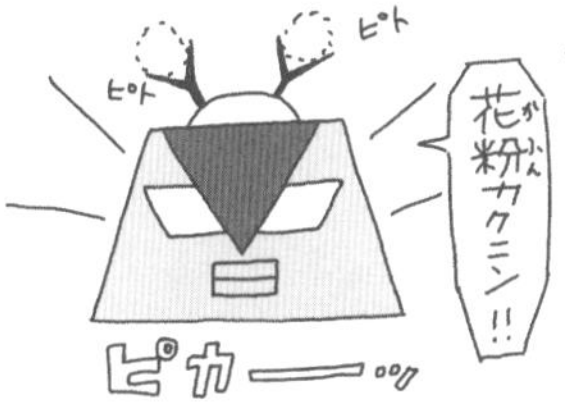

4

体《からだ》の中《なか》にもう一度《いちど》花粉《かふん》が入《はい》ってくる。花《か》粉《ふん》が肥満《ひまん》ロボの頭《あたま》にくっつくと、敵《てき》だと判断《はんだん》して化学物質《かがくぶっしつ》のビームを出《だ》す。

花粉《かふん》に対《たい》する抗体《こうたい》が体《からだ》にできると
花粉症《かふんしょう》になる！

だいたい そんな 感《かん》じね～
やりすぎちゃった
しかし なぜ花粉《かふん》を 敵《てき》だと……？
う～ん 何《なん》か苦手《にがて》なの よねぇ……
見《み》た目《め》かしら？
よく見《み》ると カワイイぞ？
ズイッ
キャッ！
ゾッ
やっぱイヤー！！
ズババババーッ
お願《ねが》いだから 近《ちか》づけないで！
どうしても きらいだわ
いたた… そんなに いやかァ？
ほかに きらいなものは ありますか？
ポテッ

気《き》をつけて！

リンパB《ビー》が教《おし》える

いろいろなアレルギー

いつもは体《からだ》を守《まも》っている免疫《めんえき》だけど、無害《むがい》なものを、きらいな敵《てき》とまちがえてこうげきしてしまうこともあるの。これを「アレルギー」というのよ。何《なに》にアレルギーを起《お》こすかは、人《ひと》によってちがうわ。

アレルギー性鼻炎《せいびえん》

花粉《かふん》、ほこり、ペットの毛《け》などをすうと起《お》こるの。くしゃみや鼻水《はなみず》、せき、目《め》のかゆみなどが出《で》るわ。

食物《しょくもつ》アレルギー

卵《たまご》、牛乳《ぎゅうにゅう》、小麦《こむぎ》、ピーナッツなどを食《た》べると起《お》こるわ。じんましんがでたり、息《いき》が苦《くる》しくなったりするの。

アナフィラキシーショック

スズメバチに刺《さ》されたりすると起《お》こるわ。ショックで息《いき》ができなくなって、心臓《しんぞう》が止《と》まることもあるのよ！

調査報告書《ちょうさほうこくしょ》

小池《こいけ》ナナ 様《さま》

日本《にほん》では、約《やく》4人《にん》にひとりが花《か》粉《ふん》症《しょう》なのだそうです。今《いま》のところ治《なお》す薬《くすり》ができていないので、マスクやゴーグルをして花粉《かふん》が体《からだ》に入《はい》るのを防《ふせ》ぐしかありません。

アレルギーになやむ人《ひと》は多《おお》く、人《ひと》とキスをしたり、青色《あおいろ》の物《もの》にふれたり、水《みず》や自分《じぶん》の涙《なみだ》にさわったりするだけでアレルギー反応《はんのう》を起《お》こす人《ひと》もいるそうです。

何《なに》を敵《てき》と感《かん》じるかは、その人《ひと》の体《からだ》しだいなのかもしれません。

からだ探偵

生息地《せいそくち》

肥満細胞《ひまんさいぼう》
血管《けっかん》の
まわりなど

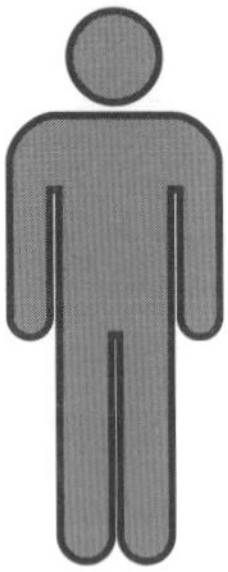

効果《こうか》

目《め》のかゆみ、
くしゃみなど
を出《だ》す

これが自慢《じまん》

寄生虫《きせいちゅう》からも体《からだ》を守《まも》っている！

寄生虫《きせいちゅう》とは、いろいろな病気《びょうき》を引《ひ》き起《お》こす小《ちい》さな虫《むし》のこと。最近《さいきん》の研究《けんきゅう》で、肥満細胞《ひまんさいぼう》が体《からだ》に入《はい》ってきた寄生虫《きせいちゅう》を外《そと》に追《お》い出《だ》す働《はたら》きをしていることがわかった。

意外《いがい》な一面《いちめん》

名前《なまえ》の由来《ゆらい》は見《み》た目《め》が太《ふと》っていたから

「肥満《ひまん》」とは、太《ふと》っていること。肥満細胞《ひまんさいぼう》は、内側《うちがわ》にたくさんの粒《つぶ》をかかえていて、太《ふと》っているように見《み》えたため、このような名前《なまえ》がつけられたといわれている。

キャラクターファイル

16 肥満《ひまん》ロボ

全身《ぜんしん》の肥満細胞《ひまんさいぼう》でパトロールを続《つづ》ける、番人《ばんにん》のようなキャラクター。

くしゃみやせき、涙《なみだ》などを引《ひ》き起《お》こすビームを出《だ》して、体《からだ》に入《はい》ってきた花粉《かふん》などの異物《いぶつ》を、外《そと》に追《お》い出《だ》す。

おわりに

いかがでしたか？
これまでに見《み》てきた事件《じけん》は、まだほんの一部《いちぶ》。

みなさんが生《い》きている限《かぎ》り、
われわれの仕事《しごと》に終《お》わりはありません。
ほら、今《いま》まさにこの瞬間《しゅんかん》も、あなたの体《からだ》の中《なか》で、
事件《じけん》が起《お》こっているかもしれませんよ……。

監修者《かんしゅうしゃ》のことば

自分《じぶん》の体《からだ》のしくみがどうなっているか、
ふだんは気《き》にしなくても平気《へいき》で生《い》きていけます。
しかしときどき、
体《からだ》のどこかが痛《いた》くなったり苦《くる》しくなったりすることがあります。
そのとき体《からだ》の中《なか》では、もしかしたらとんでもない事件《じけん》や事故《じこ》が
起《お》こっているのかもしれません。
いやなことはない方《ほう》がよいのですが、生《い》きている間《あいだ》には、
必《かなら》ずどこかで事件《じけん》や事故《じこ》が起《お》こります。
それを手《て》がかりに、わたしたちの体《からだ》をつくっているさまざまな内臓《ないぞう》や、
手足《てあし》の骨《ほね》、筋肉《きんにく》、あちこちにはりめぐらされている血管《けっかん》や神経《しんけい》、
そして生命《せいめい》と心《こころ》のありかの脳《のう》のことなんかを考《かんが》えてみませんか。
みなさんが自分《じぶん》の体《からだ》のことをよく知《し》って好《す》きになるのは、
すてきな人《ひと》、たくましい人《ひと》になるのに、きっと役立《やくだ》つはずです。

順天堂大学《じゅんてんどうだいがく》医学部《いがくぶ》教授《きょうじゅ》
坂井《さかい》 建雄《たつお》

参考文献

坂井建雄（著）
『からだの不思議　だれでもわかる解剖生理学』メヂカルフレンド社
坂井建雄（監修）
『からだの不思議がめちゃくちゃよくわかる！　人体キャラクター図鑑』日本図書センター
垣内義亨（監修）
『新版 からだのしくみカラー事典　人体のすべてを部位別にくわしく解説』主婦の友社
中島雅美（監修）
『運動・からだ図解 生理学の基本』マイナビ
玉先生（著）／大和田潔（監修）
『のほほん解剖生理学』永岡書店

［監修者］

坂井建雄（さかい・たつお）

順天堂大学医学部教授。1953年大阪生まれ。1978年東京大学医学部医学科卒業。ハイデルベルク大学研究員、東京大学医学部助教授を経て、現在、順天堂大学医学部（解剖学・生体構造科学講座）教授。日本医史学会理事長。研究領域は、人体解剖学、腎臓と血管系の細胞生物学、医史学。おもな著書に『人体観の歴史』（岩波書店）、『カラー図解　人体の正常構造と機能』第3版（総編集、日本医事新報社）、『標準解剖学』（医学書院）、『面白くて眠れなくなる解剖学』（PHP研究所）など、医学の専門書から一般向けまで、幅広く手がける。

［イラスト］

徳永明子（とくなが・あきこ）

イラストレーター。多摩美術大学美術学部グラフィックデザイン学科卒業。挿絵、漫画、キャラクターイラスト、タイポグラフィなど、多岐にわたって活動している。
http://toacco.com

［文］

澤田 憲（さわだ・けん）

編集者・ライター。編集プロダクション、出版社勤務などを経て、2015年よりフリーランス。児童書を中心に、さまざまなジャンルの書籍の企画、編集、執筆に携わっている。

楽しくわかる！　体のしくみ

からだ事件簿

2017年 7 月19日　第 1 刷発行
2017年10月20日　第 2 刷発行

監修者———坂井建雄
イラスト——徳永明子
文 ————澤田 憲
発行所———ダイヤモンド社
〒150-8409　東京都渋谷区神宮前6-12-17
http://www.diamond.co.jp/
電話／03･5778･7232（編集）　03･5778･7240（販売）

カバーデザイン—渡邊民人（TYPEFACE）
本文デザイン・DTP—清水真理子（TYPEFACE）
校正————鷗来堂
製作進行———ダイヤモンド・グラフィック社
印刷————加藤文明社
製本————加藤製本
編集担当———金井弓子

ISBN 978-4-478-10180-3